四川省工程建设地方标准

四川省民用建筑节能检测评估标准

DBJ51/T 017 – 2013

Standard of Energy Efficiency Test and Evaluation for
Civil Buildings in Sichuan Province

主编单位：四 川 省 建 设 科 技 协 会
　　　　　四 川 省 建 筑 科 学 研 究 院
批准部门：四 川 省 住 房 和 城 乡 建 设 厅
施行日期：2 0 1 4 年 1 月 1 日

U0205794

西南交通大学出版社

2014　成都

图书在版编目（CIP）数据

四川省民用建筑节能检测评估标准 / 四川省建设科技协会，四川省建筑科学研究院编著. —成都：西南交通大学出版社，2014.6
ISBN 978-7-5643-3079-8

Ⅰ. ①四… Ⅱ. ①四… ②四… Ⅲ. ①民用建筑–节能–建筑设计–标准–四川省 Ⅳ. ①TU241–65
中国版本图书馆 CIP 数据核字（2014）第 116022 号

四川省民用建筑节能检测评估标准

主编单位　四川省建设科技协会
　　　　　四川省建筑科学研究院

责 任 编 辑	杨　勇
助 理 编 辑	姜锡伟
封 面 设 计	原谋书装
出 版 发 行	西南交通大学出版社 （四川省成都市金牛区交大路 146 号）
发行部电话	028-87600564　028-87600533
邮 政 编 码	610031
网　　　址	http://press.swjtu.edu.cn
印　　　刷	成都蜀通印务有限责任公司
成 品 尺 寸	140 mm × 203 mm
印　　　张	3.5
字　　　数	88 千字
版　　　次	2014 年 6 月第 1 版
印　　　次	2014 年 6 月第 1 次
书　　　号	ISBN 978-7-5643-3079-8
定　　　价	30.00 元

各地新华书店、建筑书店经销
图书如有印装质量问题　本社负责退换
版权所有　盗版必究　举报电话：028-87600562

关于发布四川省工程建设地方标准

《四川省民用建筑节能检测评估标准》的通知

川建标发〔2013〕554 号

各市州及扩权试点县住房城乡建设行政主管部门，各有关单位：

由四川省建设科技协会、四川省建筑科学研究院主编的《四川省民用建筑节能检测评估标准》，已经我厅组织专家审查通过，现批准为四川省推荐性工程建设地方标准，编号为 DBJ51/T 017－2013，自 2014 年 4 月 1 日起在全省实施。

该标准由四川省住房和城乡建设厅负责管理，四川省建筑科学研究院负责技术内容解释。

四川省住房和城乡建设厅

2013 年 10 月 31 日

前　言

　　根据四川省住房和城乡建设厅《关于下达四川省地方标准〈四川省住宅建筑节能检测评估标准〉编制计划的通知》（川建标发〔2011〕421号文），标准编制组经广泛调查研究，认真总结经验，参考有关国内外标准，并在广泛征求意见的基础上，制定本标准。

　　本标准的主要技术内容共分为8章9个附录，包括：总则；术语；基本规定；室内、外环境温、湿度检测；墙体、屋面、楼地面节能性能检测；外门窗性能检测；空调系统检测；节能性能综合评估。

　　本标准由四川省住房和城乡建设厅负责管理，四川省建筑科学研究院负责具体技术内容的解释。执行过程中如有意见或建议，请寄送四川省建筑科学研究院（地址：四川省成都市一环路北三段55号，邮政编码：610081）。

　　本标准主编单位、参编单位、主要起草人和主要审查人：

主 编 单 位：四川省建设科技协会
　　　　　　　四川省建筑科学研究院
参 编 单 位：中国建筑西南设计研究院有限公司
　　　　　　　西南交通大学
　　　　　　　成都市工程建设质量协会
主要起草人：刘　晖　李　斌　许志浩　程志惠
　　　　　　　李晓岑　高庆龙　余恒鹏　韩　舜
　　　　　　　倪　吉　尹　杨　游　炯
主要审查人：秦　钢　冯　雅　龙恩深　储兆佛
　　　　　　　韦延年　江成贵　赵云红

目　次

Contents

1 总 则

1.0.1 为确保四川省民用建筑节能工程标准的实施，保证建筑节能工程质量和节能效果，规范民用建筑节能工程的检测评估，制定本标准。

1.0.2 本标准适用于四川省行政区域内新建、扩建、改建民用建筑节能工程的检测评估。

1.0.3 进行民用建筑节能工程检测评估，除应执行本标准外，尚应符合国家及四川省现行有关标准的规定。

2 术 语

2.0.1 热像图 thermogram

用红外热像仪拍摄的表示物体表面表观辐射温度的照片。

2.0.2 参照温度 reference temperature

在被测物体表面测得的用来标定红外热像仪测得的物体表面温度。

2.0.3 热桥 thermal bridge

围护结构中传热系数明显较大的部位，亦称"冷桥"。系指嵌入墙体的混凝土或金属梁、柱，墙体和屋面板中的混凝土肋或金属件，装配式建筑中的板材接缝以及墙角、屋顶檐口、墙体勒脚、楼板与外墙、内隔墙与外墙连接处等部位。

2.0.4 热工缺陷 thermal irregularities

当围护结构中保温材料缺失、分布不均、受潮、混入杂质或存在空气渗透时，则称该围护结构在此部位存在热工缺陷。

2.0.5 透光外围护结构 transparent envelope

太阳光可直接透射入室内的建筑外围护结构。

2.0.6 冷源系统能效系数 energy efficiency ratio of cooling source system（ EER_{sys} ）

冷源系统单位时间供冷量与单位时间冷水机组、冷水泵、冷却水泵和冷却塔风机能耗之和的比值。

2.0.7 补水率 makeup ratio

集中热水采暖系统在正常运行工况下，检测持续时间内，该系统单位建筑面积单位时间内的补水量与该系统单位建筑面积单位时间设计循环水量的比值。

2.0.8 正常运行工况 normal operation condition

处于热态运行中的集中热水采暖系统同时满足以下条件时，称该系统处于正常运行工况：

1 所有采暖管道和设备均处于热状态。

2 某时间段中，任意两个 24 h 内，后一个 24 h 内系统补水量的变化值不超过前一个 24 h 内系统补水量的 10%。

3 采用定流量方式运行时，系统的循环水量为设计值的100%~110%；采用变流量方式运行时，系统的循环水量和扬程在设计规定的运行范围内。

2.0.9 供热设计热负荷指标 index of design heat load for space heating of residential quarter

在采暖室外计算温度条件下，为保持室内计算温度，单位建筑面积在单位时间内需由锅炉房或其他采暖设施通过室外管网集中供给的热量。

2.0.10 室外管网热损失率 heat loss ratio of outdoor heating network

集中热水采暖系统室外管网的热损失与管网输入总热量（即采暖热源出口处输出的总热量）的比值。

2.0.11 水力平衡度 level of hydraulic balance

在建筑供水采暖系统中，整个系统的循环水量满足设计条件时，建筑物热力入口处循环水量检测值与设计值之比。

3 基本规定

3.0.1 民用建筑节能工程的检测、合格指标、评估及判定方法应符合本标准的有关规定。

3.0.2 节能工程检测评估时应具备以下有关技术文件：

　　1 施工图设计文件审查机构审查合格的施工图节能设计文件；

　　2 工程竣工图纸和建筑节能工程相关技术文件（含与建筑节能相关的隐蔽工程施工质量的中间验收报告）；

　　3 外墙、屋面和采暖管道的保温施工做法或施工方案；

　　4 具有相关资质的检测机构出具的对施工现场随机取样的外门（含阳台门）、户门、外窗及保温材料的性能复检报告；

　　5 建筑设备的产品合格证或性能检测报告。

3.0.3 围护结构的节能性能检测，应按附录 A 所列的抽样方法进行抽样，委托方不得指定检测单元和位置。

4 室内、外环境温、湿度检测

4.0.1 室内、外环境温、湿度检测按下列规定进行：

1 室内温度、湿度的检测数量应符合下列规定：

 1）设有集中采暖空调系统的建筑物，温度、湿度检测数量应按照采暖空调系统分区进行选择。当系统形式不同时，每种系统形式均应检测。相同系统形式应按系统数量的 20%进行抽检。同一个系统检测数量不应少于总房间数量的 10%。

 2）未设置集中采暖空调系统的建筑物，温度、湿度检测数量不应少于总房间数量的 10%。

 3）检测数量在符合以上两款规定的基础上也可按照委托方要求增加。

2 温度、湿度测点布置应符合下列原则：

 1）3 层及以下的建筑物应逐层选取区域布置温度、湿度测点；

 2）3 层以上的建筑物应在首层、中间层和顶层分别选取区域布置温度、湿度测点；

 3）气流组织方式不同的房间应分别布置温度、湿度测点。

3 温度、湿度测点应设于室内活动区域，且应在距地面（700～1800）mm 范围内有代表性的位置，温度、湿度传感器不应受到太阳辐射或室内热源的直接影响。温度、湿度测点位置及数量还应符合下列规定：

 1）当房间使用面积小于 16 m^2时，应设测点 1 个；

 2）当房间使用面积大于或等于 16 m^2，且小于 30 m^2时，应设测点 2 个；

3）当房间使用面积大于或等于 30 m²，且小于 60 m² 时，应设测点 3 个；

4）当房间使用面积大于或等于 60 m²，且小于 100 m² 时，应设置测点 5 个；

5）当房间使用面积大于或等于 100 m² 时，每增加（20～30）m² 应增加 1 个测点。

4 室内平均温度、湿度检测应在最冷或最热月，且在供热或供冷系统正常运行后进行。室内平均温度、湿度应进行连续检测，检测时间不得少于 6 h，且数据记录时间间隔最长不得超过 30 min。

4.0.2 室内平均温度应按下列公式计算：

$$t_{rm} = \frac{\sum\limits_{i=1}^{n} t_{rm,i}}{n} \qquad\qquad (4.0.2\text{-}1)$$

$$t_{rm,i} = \frac{\sum\limits_{j=1}^{p} t_{i,j}}{p} \qquad\qquad (4.0.2\text{-}2)$$

式中 t_{rm}——检测持续时间内受检房间的室内平均温度（℃）；

$t_{rm,i}$——检测持续时间内受检房间第 i 个室内逐时温度（℃）；

n——检测持续时间内受检房间的室内逐时温度的个数；

$t_{i,j}$——检测持续时间内受检房间第 j 个测点的第 i 个温度逐时值（℃）；

p——检测持续时间内受检房间布置的温度测点的个数。

4.0.3 室内平均相对湿度应按下列公式计算：

$$\varphi_{rm} = \frac{\sum\limits_{i=1}^{n} \varphi_{rm,i}}{n} \qquad\qquad (4.0.3\text{-}1)$$

$$\varphi_{\mathrm{rm},i}=\frac{\sum\limits_{j=1}^{n}\varphi_{i,j}}{p}$$

（4.0.3-2）

式中　φ_{rm} ——检测持续时间内受检房间的室内平均相对湿度（%）；

$\varphi_{\mathrm{rm},i}$ ——检测持续时间内受检房间第 i 个室内逐时相对湿度（%）；

n ——检测持续时间内受检房间的室内逐时相对湿度的个数；

$\varphi_{i,j}$ ——检测持续时间内受检房间第 j 个测点的第 i 个相对湿度逐时值（%）；

p ——检测持续时间内受检房间布置的相对湿度测点的个数。

4.0.4 室内温度、湿度合格指标与判别方法应符合下列规定：

　　1 建筑物室内平均温度、湿度应符合设计文件要求，当设计文件无具体要求时，应符合现行国家标准《公共建筑节能设计标准》GB50189 的规定；

　　2 当检测结果满足本条第 1 款的规定时，判定为合格，否则判定为不合格。

5 墙体、屋面、楼地面节能性能检测

5.1 热工缺陷检测

5.1.1 墙体、屋面热工缺陷检测按下列规定进行：

1 应在墙体、屋面节能检测前进行。

2 热工缺陷检测主要分为外表面和内表面热工缺陷检测。

3 热工缺陷检测设备应采用红外热像仪。红外热像仪温度测量范围应符合现场检测要求，工作波长应为（8.0～14.0）μm，传感器温度分辨率（NETD）应小于 0.08 ℃，温差检测不确定度应小于 0.5 ℃，像素不应少于 76800 点。

4 检测应在房间供热或供冷系统运行稳定后进行。检测时的环境条件应符合下列规定：

1）检测前至少 24 h 内的室外空气温度逐时值与开始检测时的室外空气温度相比，其变化不应大于 10 ℃。

2）检测前至少 24 h 内和检测期间，建筑物外围护结构内外空气温度差的逐时值均不宜小于 10 ℃。

3）检测期间与开始检测时的空气温度相比，室外空气温度逐时值变化不应大于 5 ℃，室内空气温度逐时值变化不应大于 2 ℃。

4）在进行外表面热工缺陷检测时，0.5 h 内的室外风速变化不应大于 2 级（含 2 级），且最大风力不应大于 5 级。

5）在进行外表面热工缺陷检测时，被测外表面在检测开始前至少 12 h 内不应受到太阳直射；在进行内表面热工缺陷检测时，被测内表面应避免灯光直射。

5 检测前宜采用表面式温度计在被测表面上测出参照温度，调整红外热像仪的发射率，使热像图反映的表观温度等于该参照温度；应在与目标距离相等的不同方位扫描同一部位，检查邻近物体对被测建筑表面是否造成影响；必要时可采取遮挡措施或关闭室内辐射源，或在合适的时间段进行检测。

6 应首先进行普测，然后对异常部位进行详细检测。

7 异常部位宜通过实测热像图与被测部分的预期温度分布进行比较确定，实测热像图中出现的异常，若非建筑设计或热（冷）源、测试方法等原因造成，则可认为是缺陷。必要时可采用内窥镜、取样等方法进行确定。

8 同一个热工缺陷部位的热像图不应小于 2 张。若拍摄的热像图中主体区域过小时，应单独拍摄 1 张以上（含 1 张）主体部位热像图。被测部位在建筑中的位置应用图说明，并应附上可见光照片。热像图上应标明参照温度的位置，并应随热像图一起提供参照温度数据。

9 被测建筑热工缺陷的计算按照附录 B 的规定进行。

5.1.2 热工缺陷检测的合格指标与判断方法应符合下列规定：

1 被测外表面缺陷区域与主体区域面积的比值应小于20%，且单块缺陷面积应小于 0.5 m^2。被测外表面的检测结果满足本条规定时，判为合格，否则判为不合格。

2 被测内表面因缺陷区域导致的能耗增加比值应小于5%，且单块缺陷面积应小于 0.5 m^2。被测内表面的检测结果满足本条第 1 款规定时，判定为合格，否则判定为不合格。

5.2 现场传热系数检测

5.2.1 墙体、屋面及楼地面现场传热系数检测按下列规定进行：

1 墙体、屋面及楼地面传热系数的现场检测宜采用双热流计法，且宜在竣工 12 个月后进行。

2 热流计的物理性能应符合表 5.2.1-1 的规定，其他性能应符合现行行业标准《建筑用热流计》JG/T 3016 的规定；

表 5.2.1-1 热流计的物理性能

项目指标		指标
标定系数	范围	$10 \sim 200W/（m^2 \cdot mV）$
	稳定性	在正常使用条件下 3 年内标定系数变化不应大于 5%
	不确定度	$\leqslant 5\%$
热阻		$\leqslant 0.008 \ m^2 \cdot K/W$
使用温度		$(-10 \sim 70)°C$

3 热流和温度应采用自动检测仪检测，数据存储方式应适用于计算机分析。热流及温度自动检测仪的性能指标应满足以下要求：

1）自动数据采集记录仪的时钟误差不应大于 0.5 s/d，应支持手动采集和定时采集两种数据采集模式，且定时采集周期可以从 10 min 到 60 min 灵活配置，扫描速率不应低于 60 通道/s。

2）温度传感器测量温度范围应为(-50 ~ 100) °C，分辨率为 0.1 °C，误差不应大于 0.5 °C。

3）温度自记仪测量温度范围应为(-50 ~ 80) °C，误差不应大于 0.5 °C，系统时间误差不应大于 20×10^{-6}。

4 测点位置宜用红外热像仪确定，应避开热桥、裂缝和有空气渗漏的部位，且不应受加热、制冷装置和风扇的直接影响。被测区域的外表面要避免雨雪侵袭和阳光直射。测点个数不少于 3 个。

5 热流计应直接粘贴在被测部位的内、外表面对应位置上，且与表面完全接触。

6 内、外表面温度传感器应靠近热流计粘贴，传感器连同 0.1 m 长引线应与被测表面紧密接触，传感器表面应用防止热辐射的铝箔纸覆盖。

7 检测宜选在最冷月进行，且应避开气温剧烈变化的天气。检测期间室内空气温度应保持基本稳定，测试时的室内空气温度波动范围应在 ±3℃ 以内。高温侧表面温度与低温侧表面温度应满足表 5.2.1-2 的规定，高温侧表面温度在检测过程中始终均应高于低温侧表面温度。

表 5.2.1-2 高温侧表面温度与低温侧表面温度的温差要求

$K[\text{W}/（\text{m}^2 \cdot \text{K}）]$	$T_h - T_l$（K）
$K \geqslant 0.8$	$\geqslant 12$
$0.4 \leqslant K < 0.8$	$\geqslant 15$
$K < 0.4$	$\geqslant 20$

注：表中 K 为围护结构传热系数设计值；T_h 为测试期间高温侧表面平均温度；T_l 为测试期间低温侧表面平均温度。

8 检测期间，应同步记录热流密度和内、外表面温度，记录时间间隔不应大于 30 min。可记录多次采样数据的平均值，采样间隔宜短于传感器最小时间常数的 1/2。

9 检测数据分析宜采用算术平均法计算，当算术平均法计算误差不能满足要求时可用动态分析法。

10 当采用算术平均法进行数据分析时,应按下式计算热阻:

$$R = \frac{2\sum\limits_{j=1}^{n}(\theta_{Ij} - \theta_{Ej})}{\sum\limits_{j=1}^{n} q_{Ij} + \sum\limits_{j=1}^{n} q_{Ej}} \qquad (5.2.1\text{-}1)$$

式中　R——被测部位热阻[（m^2·K）/W]；

　　　θ_{Ij}——被测部位内表面温度的第 j 次测量值（℃）；

　　　θ_{Ej}——被测部位外表面温度的第 j 次测量值（℃）；

　　　q_{Ij}——被测部位内侧热流密度的第 j 次测量值（W/m^2）；

　　　q_{Ej}——被测部位外侧热流密度的第 j 次测量值（W/m^2）。

11　轻型围护结构[单位面积比热容＜20 kJ/（m^2·K）]宜采用夜间采集的数据计算热阻。当经过连续 4 个昼夜测量之后，相邻两次测量的计算结果相差不大于 5% 时即可结束测量。

12　重型围护结构[单位面积比热容≥20 kJ/（m^2·K）]应使用全天数据计算热阻，且只有在满足下列条件时方可结束测量：

　　1）热阻的末次计算值与 24 h 之前计算值相差不大于 5%；

　　2）检测期间的第一个 int（2×DT/3）天内与最后一个同样长的天数内热阻的计算值相差不大于 5%。

（注：DT 为检测持续天数，int 表示取整数部分。）

13　采用动态分析方法的计算软件应经过权威机构的鉴定。宜使用与现行行业标准《居住建筑节能检测标准》JGJ/T 132 相配套的数据处理软件进行计算。

14　围护结构被测部位传热系数按下式计算：

$$K = \frac{1}{R_i + R + R_e} \qquad (5.2.1\text{-}2)$$

式中　K——被测部位传热系数[W/（m^2·K）]；

　　　R_i——内表面换热阻（m^2·K/W），应按现行国家标准《民

12

用建筑热工设计规范》GB50176 中附表 2.2 的规定采用；

R——被测部位热阻（$m^2 \cdot K/W$）；

R_e——外表面换热阻（$m^2 \cdot K/W$），应按现行国家标准《民用建筑热工设计规范》GB 50176 中附表 2.3 的规定采用。

5.2.2 传热系数检测的合格指标与判断方法应符合下列规定：

1 被测部位传热系数应满足设计要求；当设计图纸未作具体规定时，应符合国家现行有关标准的规定。

2 被测部位传热系数检测结果满足本条第 1 款的规定时，判定为合格，否则判定为不合格。

5.3 热桥部位内表面温度检测

5.3.1 热桥部位内表面温度检测按下列规定进行：

1 宜采用热电偶等温度传感器检测表面温度，检测仪表应符合本标准第 5.2.1 条第 3 款的有关规定。

2 表面温度测点应选在被测部位温度最低处，具体位置可采用红外热像仪扫描确定。室内环境温度检测点应设于室内活动区域中央。当被测房间使用面积大于或等于 30 m^2 时，应设置两个测点。室外环境温度测点应设置在距离建筑物（5～10）m 且距地面高度大于 1.5 m 的百叶箱内，宜在建筑物的 2 个不同朝向布置室外环境温度测点。

3 表面温度传感器连同 0.1 m 长引线应与被测部位表面紧密接触，传感器表面的热辐射率应与被测表面基本相同。

4 热桥部位内表面温度检测应在采暖系统正常运行后进行，检测时间宜选在最冷月，且应避开气温剧烈变化的天气。检测持续时间不应少于 72 h，检测数据应逐时记录，记录时间间隔不应大于 30 min。

5 室内外计算温度条件下热桥部位内表面温度应按下式计算：

$$\theta_1 = t_{di} - \frac{t_i - \theta_{Im}}{t_i - t_e}(t_{di} - t_{de}) \qquad (5.3.1)$$

式中 θ_1——室内外计算温度条件下热桥部位内表面温度(℃)；

t_i——检测期内被测房间的室内环境平均温度（℃）；

θ_{Im}——检测期内热桥部位内表面温度平均值（℃）；

t_e——检测期内室外环境平均温度（℃）；

t_{di}——冬季室内计算温度（℃），取 18℃；

t_{de}——冬季室外计算温度（℃），应根据设计要求或现行国家标准《民用建筑热工设计规范》GB 50176 中第 2.0.1 条的规定采用。

5.3.2 热桥部位内表面温度检测的合格指标与判断方法应符合下列规定：

1 在室内外计算温度条件下，热桥部位的内表面温度不应低于室内空气露点温度。在确定室内空气露点温度时，室内空气相对湿度按 60%计算；

2 被测部位检查结果满足本条第 1 款规定时，判定为合格，否则判定为不合格。

5.4 屋面和西向外墙隔热性能检测

5.4.1 屋面和西向外墙隔热性能检测按下列规定进行：

1 隔热性能检测应在竣工 12 个月后的夏季进行，检测持续时间应不少于 24 h；

2 检测开始前 2 天及检测期内应为晴天或少云天气，检

测期内室外逐时空气温度最高值不宜低于当地夏季室外计算温度最高值 2.0 ℃;

3 检测时被测外墙及屋面所在房间的窗应全部开启,保持良好的自然通风环境。白天直射到被测外墙及屋面外表面的阳光不应被其他物体遮挡。

4 检测时应同时检测被测屋面或西向外墙的内外表面温度、室内外空气温度。室内外空气温度和内外表面温度的检测应分别符合本标准第 4.0.1 条和第 5.2.1 条的规定。

5 表面温度传感器应对称布置在被测主体部位的两侧,与热桥部位的距离应大于屋面(墙体)厚度的 3 倍以上。表面温度测点应避开主体部位热工缺陷处,具体位置可采用红外热像仪扫描确定。每侧表面温度测点应至少布置 3 点,其中 1 点应布置在接近检测面中央的位置。

6 内表面逐时温度应取内表面所有测点相应时刻检测结果的平均值。

5.4.2 屋面和西向外墙隔热性能检测的合格指标与判断方法应符合下列规定:

1 屋面和西向外墙的内表面温度逐时检测最高值不应高于室外空气温度逐时检测最高值;

2 当被测部位的内表面温度逐时检测最高值不高于室外空气逐时温度检测最高值时,判定为合格,否则判定为不合格。

6 外门窗性能检测

6.1 外门窗框与墙体间密封缺陷检测

6.1.1 外门窗框与墙体间密封缺陷检测按下列规定进行：

1 未隐蔽的门窗框与墙体间的缝隙可观察检查缝隙填嵌材料类型及饱满程度。已隐蔽的外门窗框与墙体间的密封缺陷可采用红外热像仪进行检测，也可打开门窗框与墙体间的缝隙检查。

2 当采用红外热像仪进行外门窗框与墙体间密封缺陷检测时，红外热像仪的性能参数应满足本标准 5.1.1 条第 3 款的规定。检测前及检测期间，环境条件应符合本标准 5.1.1 条第 4 款条规定。检测步骤宜按照本标准 5.1.1 条第 5、6 款的规定进行。

3 受检表面同一个部位的红外热像图，不应少于 2 张。当拍摄的红外热像图中，主体区域过小时，应至少单独拍摄 1 张主体部位红外热像图。应采用图示说明受检部位的红外热像图在建筑中的位置，并应附上可见光照片。红外热像图上应标明参照温度的位置，并应同时提供参照温度的数据。

4 红外热像图中的异常部位，宜通过将实测热像图与受检部分的预期温度分布进行比较确定。必要时，可打开门窗框与墙体间缝隙确定。

6.1.2 外门窗框与墙体间密封缺陷检测的合格指标与判断方法应符合下列规定：

观察密封材料的类型及饱满程度，缝隙表面是否光滑、顺直，有无裂纹出现。当出现裂纹宽度大于 1 mm，长度大于 20 mm 时判定为不合格。

6.2 外门窗气密性能检测

6.2.1 外门窗气密性能检测按下列规定进行：

采用静压箱检测外门窗气密性能时，应符合现行行业标准《建筑外窗气密、水密、抗风压性能现场检测方法》JG/T 211 的相关规定。

6.2.2 外门窗气密性能检测的合格指标与判断方法应符合下列规定：

1 按现行国家标准《建筑外门窗气密、水密、抗风压性能分级及检测方法》GB/T 7106 进行分级，级别符合设计要求时，判定为合格，否则判定为不合格。

2 对于已获得国家或四川省建筑门窗节能性能标识认证的产品，在确保实际应用窗型与标识证书窗型一致后，宜直接采用建筑门窗节能性能标识证书中的气密性能数值。

6.3 外门窗保温性能检测

6.3.1 外门窗保温性能检测按下列规定进行：

1 现场抽取相同材质、规格、型号、尺寸的外门窗各一樘，依据现行国家标准《建筑外门窗保温性能分级及检测方法》GB/T 8484 在实验室进行检测，作为测试结果。

2 若外门窗尺寸过大或整窗取样困难时，可现场量测尺寸并抽取具有代表性的型材、玻璃，在实验室测试基础上，按现行行业标准《建筑门窗玻璃幕墙热工计算规程》JGJ/T 151 的规定计算冬季传热系数。

6.3.2 外门窗保温性能检测的合格指标与判断方法应符合下列规定：

1 按现行国家标准《建筑外门窗保温性能分级及检测方

法》GB/T 8484 的规定定级，级别符合设计要求时，判定为合格，否则判定为不合格。

2 对于已获得国家或四川省建筑门窗节能性能标识认证的产品，在确保实际应用窗型与标识证书窗型一致后，宜直接采用建筑门窗节能性能标识证书中的传热系数值。

6.4 外门窗综合遮阳系数检测

6.4.1 外门窗综合遮阳系数检测按如下规定进行：

玻璃、型材及门窗的太阳光总透射比和遮阳系数，按照现行行业标准《建筑门窗玻璃幕墙热工计算规程》JGJ/T 151 及现行国家标准《建筑玻璃可见光透射比、太阳光直接透射比、太阳能总透射比、紫外线透射比及有关窗玻璃参数的测定》GB/T 2680 进行检测和计算。

6.4.2 外门窗综合遮阳系数检测的合格指标与判断方法应符合如下规定：

1 按设计要求进行判定，符合设计要求时，判定为合格，否则判定为不合格。

2 对于已获得国家或四川省建筑门窗节能性能标识认证的产品，在确保实际应用窗型与标识证书窗型一致后，宜直接采用建筑门窗节能性能标识证书中的遮阳系数值。

6.5 门窗外遮阳设施性能检测

6.5.1 门窗外遮阳设施性能检测按下列规定进行：

1 对于固定外遮阳设施，检测的内容应包括结构尺寸、安装位置和安装角度。对活动外遮阳设施，还应包括遮阳设施的转动或活动范围及柔性遮阳材料的光学性能。

2 用于检测外遮阳设施结构尺寸、安装位置、安装角度或活动范围的量具的不确定度应符合下列规定：

　　1）长度尺：应小于 2 mm；

　　2）角度尺：应小于 2°。

3 活动外遮阳设施转动或活动范围的检测应在完成 5 次以上的全程调节后进行。

4 遮阳材料的光学性能检测应包括太阳光反射比和太阳光直接透射比。太阳光反射比和太阳光直接透射比的检测应符合现行国家标准《建筑玻璃可见光透射比、太阳光直接透射比、太阳能总透射比、紫外线透射比及有关玻璃参数的测定》GB/T 2680 的规定。

6.5.2 门窗外遮阳设施性能检测的合格指标与判断方法应符合下列规定：

1 受检外窗外遮阳设施的结构尺寸、安装位置、安装角度、转动或活动范围及遮阳材料的光学性能应满足设计要求；

2 受检外窗外遮阳设施的检测结果均满足本条第 1 款的规定时，判定为合格，否则判定为不合格。

7 空调系统检测

7.1 一般规定

7.1.1 采暖空调水系统各项性能检测均应在系统实际运行状态下进行，且运行机组负荷不宜小于其额定负荷的 80%，并处于稳定状态。

7.1.2 冷水（热泵）机组及其水系统性能检测工况应符合以下规定：

1 冷水（热泵）机组运行正常，系统负荷不宜小于实际运行最大负荷的 60%。

2 冷水出水温度应在（5~9）℃之间。

3 水冷冷水（热泵）机组冷却水进水温度应在（29~32）℃之间；风冷冷水（热泵）机组要求室外干球温度应在（32~35）℃之间。

7.1.3 锅炉及其水系统各项性能检测工况应符合以下规定：

1 锅炉运行正常；

2 燃煤锅炉的日平均运行负荷率不应小于 60%，燃油和燃气锅炉瞬时运行负荷率不应小于 30%。

7.1.4 地源热泵、太阳能热水系统各项性能检测工况应符合以下规定：

1 采用地源热泵、太阳能热水系统等节能措施系统，其性能检测以所对应的空调采暖系统为检测对象，其检测条件和方法按照此类系统进行，不得更改。

2 地源热泵地下换热部分等效为水-水换热器。

3 太阳能系统集热器和储水装置视为提供热水的热源。

7.1.5 空调系统检测仪表的不确定度必须满足本标准附录 C 的要求。

7.2 冷水（热泵）机组实际性能系数检测

7.2.1 冷水（热泵）机组实际性能系数检测按下列规定进行：

1 冷水（热泵）机组实际性能系数的检测数量应符合下列规定：

1）对于 2 台及以下（含 2 台）的同型号机组，应至少抽取 1 台；

2）对于 3 台及以上（含 3 台）的同型号机组，应至少抽取 2 台。

2 冷水（热泵）机组实际性能系数的检测方法应符合下列规定：

1）检测工况下，应每隔（5~10）min 读 1 次数，连续测量 60 min，并应取每次读数的平均值。

2）供冷（热）量测量应符合本标准附录 D 的规定。

3）冷水（热泵）机组的供冷（热）量应按下式计算：

$$Q_0 = \frac{V \cdot \rho \cdot c \cdot \Delta t}{3600} \qquad (7.2.1\text{-}1)$$

式中 Q_0——冷水（热泵）机组的供冷（热）量（kW）；

V——冷水平均流量（m³/h）；

Δt——冷水进、出口平均温差（℃）；

ρ——冷水平均密度（kg/m³）；

c——冷水平均定压比热[kJ/（kg·℃）]。

（注：ρ、c 可根据介质进、出口平均温度由物性参数表查取。）

4）电驱动压缩机的蒸汽压缩循环冷水（热泵）机组的输入功率应在电动机输入线端测量。输入功率检测应符合本标准附录 E 的规定。

5）电驱动压缩机的蒸汽压缩循环冷水（热泵）机组的实际性能（COP_d）应按下式计算：

$$COP_d = \frac{Q_0}{N} \qquad (7.2.1-2)$$

式中　COP_d——电驱动压缩机的蒸汽压缩循环冷水（热泵）机组的实际性能系数；

　　　N——检测工况下机组平均输入功率（kW）。

6）溴化锂吸收式冷水机组的实际性能系数（COP_x）应按下式计算：

$$COP_x = \frac{Q_0}{(W \cdot q / 3600) + p} \qquad (7.2.1-3)$$

式中　COP_x——溴化锂吸收式冷水机组的实际性能系数；

　　　W——检测工况下机组平均燃气消耗量（m³/h），或燃油量消耗量（kg/h）；

　　　q——燃料发热值（kJ/m³ 或 kJ/kg）；

　　　p——检测工况下机组平均电力消耗量（折算成一次能，kW）。

7.2.2　冷水（热泵）机组实际性能系数检测的合格指标与判断方法应符合下列规定：

1　检测工况下，冷水（热泵）机组实际性能系数应符合现行国家标准《公共建筑节能设计标准》GB 50189 的规定；

2　当检测结果满足本条第 1 款的规定时，判定为合格，否则判定为不合格。

7.3 水系统回水温度一致性检测

7.3.1 水系统回水温度一致性检测按下列规定进行：

1 与水系统集水器相连的一级支管路均应进行水系统回水温度一致性检测。

2 水系统回水温度一致性的检测方法应符合下列规定：

1）检测位置应在系统集水器处；

2）检测持续时间不应少于 24 h，检测数据记录间隔不应大于 1 h。

7.3.2 水系统回水温度一致性检测的合格指标与判断方法应符合下列规定：

1 检测持续时间内，冷水系统各一级支管路回水温度间的允许偏差为 1 °C；热水系统各一级支管路回水温度间的允许偏差为 2 °C。

2 当检测结果满足 7.3.2 条第 1 款的规定时，判定为合格，否则判定为不合格。

7.4 水系统供、回水温差检测

7.4.1 水系统供、回水温差检测按下列规定进行：

1 检测工况下启用的冷水机组或热源设备均应进行水系统供、回水温差检测。

2 水系统供、回水温差的检测方法应符合下列规定：

1）冷水机组或热源设备供、回水温度应同时进行检测；

2）测点应布置在靠近被测机组的进、出口处，测量时应采取减少测量误差的有效措施；

3）检测工况下，应每隔（5～10）min 读数 1 次，连续测量 60 min，并应取每次读数的平均值作为检测值。

7.4.2 水系统供、回水温差检测的合格指标与判断方法应符合下列规定：

1 检测工况下，水系统供、回水温差检测值不应小于设计温差的 80%；

2 当检测结果满足本条第 1 款的规定时，判定为合格，否则判定为不合格。

7.5 水泵效率检测

7.5.1 水泵效率检测按下列规定进行：

1 检测工况下启用的循环水泵均应进行效率检测；

2 水泵效率的检测方法应符合下列规定：

1）检测工况下，应每隔（5 ~ 10）min 读数 1 次，连续测量 60 min，并应取每次读数的平均值作为检测值。

2）流量测点宜设在距上游局部阻力构件 10 倍管径，且距下游局部阻力构件 5 倍管径处。压力测点应设在水泵进、出口压力表处。

3）水泵的输入功率应在电动机输入线端测量，输入功率检测应符合本标准附录 E 的规定。

4）水泵效率应按下式计算：

$$\eta = \frac{V \cdot \rho \cdot g \cdot \Delta H}{3.6 \cdot P}$$ （7.5.1）

式中 η——水泵效率；

V——水泵平均水流量（m^3/h）；

ρ——水的平均密度（kg/m^3），可根据水温由物性参数

表查取;

g——自由落体加速度,取 9.8 m/s^2;

ΔH——水泵进、出口平均压差(m);

P——水泵平均输入功率(kW)。

7.5.2 水泵效率检测的合格指标与判断方法应符合下列规定:

1 检测工况下,水泵效率检测值应大于设备铭牌值的 80%;

2 当检测结果满足本条第 1 款的规定时,判定为合格,否则判定为不合格。

7.6 冷源系统能效系数检测

7.6.1 冷源系统能效系数检测按下列规定进行:

1 所有独立冷源系统均应进行冷源系统能效系数检测。

2 冷源系统能效系数检测方法应符合下列规定:

1)检测工况下,应每隔(5~10)min 读数 1 次,连续测量 60 min,并应取每次读数的平均值作为检测的检测值。

2)供冷量测量应符合本标准附录 D 的规定。

3)冷源系统的供冷量应按下式计算:

$$Q_0 = \frac{V \cdot \rho \cdot c \cdot \Delta t}{3600} \qquad (7.6.1\text{-}1)$$

式中 Q_0——冷源系统的供冷量(kW);

V——冷水平均流量(m^3/h);

Δt——冷水平均进、出口温差(℃);

ρ——冷水平均密度(kg/m^3);

c——冷水平均定压比热[kJ/(kg·℃)]。

（注：ρ、c 可根据介质进、出口平均温度由物性参数表查取。）

4）冷水机组、冷水泵、冷却水泵和冷却塔风机的输入功率应在电动机输入线端同时测量；输入功率检测应符合本标准附录 E 的规定。检测期间各用电设备的输入功率应进行平均累加。

5）冷源系统能效系数（ EER_{-sys} ）应按下式计算：

$$EER_{-sys} = \frac{Q_0}{\sum N_i} \qquad (7.6.1\text{-}2)$$

式中　EER_{-sys} ——冷源系统能效系数（kW/kW）；

$\sum N_i$ ——冷源系统各用电设备的平均输入功率之和（kW）。

7.6.2 冷源系统能效系数检测的合格指标与判断方法应符合下列规定：

1 冷源系统能效系数检测值不应小于表 7.6.2 的规定。

表 7.6.2　冷源系统能效系数限值

类型	单台额定制冷量 （kW）	冷源系统能效系数 （kW/kW）
水冷冷水机组	< 528	2.3
	528 ~ 1163	2.6
	> 1163	3.1
风冷或蒸发冷却	≤ 50	1.8
	> 50	2

2　当检测结果满足 7.6.2 条第 1 款的规定时，判定为合格，否则判定为不合格。

7.7　锅炉运行效率检测

7.7.1　锅炉运行效率检测按下列规定进行：

1　采暖锅炉日平均运行效率的检测应在采暖系统正常运行 120 h 后进行，检测持续时间不应少于 24 h。

2　检测期间，采暖系统应处于正常运行工况，燃煤锅炉的日平均运行负荷率应不小于 60%，燃油和燃气锅炉瞬时运行负荷率不应小于 30%，锅炉日累计运行时数不应少于 10 h。

3　燃煤采暖锅炉的耗煤量应按批计量。燃油和燃气采暖锅炉的耗油量和耗气量应连续累计计量。

4　在检测持续时间内，煤样应用基低位发热值的化验批数应与采暖锅炉房进煤批次一致，且煤样的制备方法应符合现行国家标准《工业锅炉热工性能实验规范》GB/T 10180 的有关规定。燃油和燃气的低位发热值应根据油品种类和气源变化进行化验。

5　采暖锅炉的输出热量应采用热计量装置连续累计计量。

6　热计量装置中供回水温度传感器应靠近锅炉本体安装。

7　采暖锅炉日平均运行效率应按下列公式计算：

$$\eta_{2,a} = \frac{Q_{a,t}}{Q_i} \times 100\% \qquad (7.7.1\text{-}1)$$

$$Q_i = G_c \cdot Q_c^y \cdot 10^{-3} \qquad (7.7.1\text{-}2)$$

式中　$\eta_{2,a}$——检测持续时间内采暖锅炉日平均运行效率；

$Q_{a,t}$——检测持续时间内采暖锅炉的输出热量（MJ）；

Q_i——检测持续时间内采暖锅炉的输入热量（MJ）；

G_c——检测持续时间内采暖锅炉的燃煤量（kg）或燃油量（kg）或燃气量（Nm³）；

Q_c^y——检测持续时间内燃用煤的平均应用基低位发热值（kJ/kg）或燃用油的平均低位发热值（kJ/kg）或燃用气的平均低位发热值[kJ/（N·m³）]。

7.7.2 锅炉运行效率检测的合格指标与判断方法应符合下列规定：

1 采暖锅炉日平均运行效率不应小于表 7.7.2 的规定。

表 7.7.2 采暖锅炉最低日平均运行效率（%）

锅炉类型、燃料种类			锅炉额定容量（MW）						
			0.7	1.4	2.8	4.2	7.0	14.0	≥28.0
燃煤	烟煤	I	—	—	65	66	70	70	71
		II	—	—	66	68	70	71	73
燃油、燃气			77	78	78	79	80	81	81

2 当检测结果满足本条第 1 款的规定时，判定为合格，否则判定为不合格。

7.8 补水率检测

7.8.1 补水率检测按下列规定进行：

1 补水率的检测应在采暖系统正常运行后进行。

2 检测持续时间宜为整个采暖期。

3 总补水量应采用具有累计流量显示功能的流量计量装置检测。流量计量装置应安装在系统补水管上适宜的位置，且应符合产品的使用要求。当采暖系统中固有的流量计量装置在检定有效期内时，可直接利用该装置进行检测。

4 采暖系统补水率应按下列公式计算：

$$R_{mp} = \frac{g_a}{g_d} \times 100\% \qquad (7.8.1\text{-}1)$$

$$g_d = 0.861 \times \frac{q_q}{t_s - t_r} \qquad (7.8.1\text{-}2)$$

$$g_a = \frac{G_a}{A_0} \qquad (7.8.1\text{-}3)$$

式中 R_{mp} ——采暖系统补水率；

        g_d ——采暖系统单位设计循环水量[kg/（m² · h）]；

        g_a ——检测持续时间内采暖系统单位补水量[kg/（m² ·h）]；

        G_a ——检测持续时间内采暖系统平均单位时间内的补水量（kg/h）；

        A_0 ——居住小区内所有采暖建筑物的总建筑面积（m²），应按本标准附录 F 第 F.0.3 条的规定计算；

        q_q ——供热设计热负荷指标（W/m²）；

        t_s、t_r ——采暖热源设计供水、回水温度（℃）。

7.8.2 补水率检测的合格指标与判断方法应符合下列规定：

  1 采暖系统补水率不应大于 0.5%；

  2 当检测结果满足本条第 1 款的规定时，判定为合格，否则判定为不合格。

7.9 风机单位风量耗功率检测

7.9.1 风机单位风量耗功率检测按下列规定进行：

  1 风机单位风量耗功率的检测数量应符合下列规定：

1）抽检比例不应少于空调机组总数的 20%；

　　2）不同风量的空调机组检测数量应不少于 1 台。

　2　风机单位风量耗功率的检测方法应符合下列规定：

　　1）检测应在空调通风系统正常运行工况下进行；

　　2）风量检测应采用风管风量检测方法，并应符合本标准附录 G 的规定；

　　3）风机的风量应为吸入端风量和压出端风量的平均值，且风机前后的风量之差不应大于 5%；

　　4）风机的输入功率应在电动机输入线端同时测量，输入功率检测应符合本标准附录 E 的规定；

　　5）风机单位风量耗功率（W_s）应按下式计算：

$$W_s = \frac{N}{L} \qquad\qquad (7.9.1)$$

式中　W_s——风机单位风量耗功率[W/（m^3/h）]；

　　　　N——风机的输入功率（W）；

　　　　L——风机的实际风量（m^3/h）。

7.9.2　风机单位风量耗功率检测的合格指标与判断方法应符合下列规定：

　1　风机单位风量耗功率检测值应符合国家标准《公共建筑节能设计标准》GB 50189—2005 第 5.3.26 条的规定；

　2　当检测结果满足本条第 1 款的规定时，判定为合格，否则判定为不合格。

7.10　新风量检测

7.10.1　新风量检测按下列规定进行：

1 新风量的检测数量应符合下列规定；

1）抽检比列不应少于新风系统数量的 20%；

2）不同风量的新风系统不应少于 1 个。

2 新风量检测方法应符合以下规定：

1）检测应在系统正常运行后进行，且所有风口应处于正常开启状态；

2）新风量检测应采用风管风量检测方法，并应符合本标准附录 G 的规定。

7.10.2 新风量检测的合格指标与判断方法应符合下列规定：

1 新风量检测值应符合设计要求，且允许偏差应为 ±10%；

2 当检测结果满足本条第 1 款的规定时，判定为合格，否则判定为不合格。

7.11 定风量系统平衡度检测

7.11.1 定风量系统平衡度检测按下列规定进行：

1 定风量系统平衡度的检测数量应符合下列规定：

1）每个一级支管路均应进行风系统平衡度检测；

2）当其余支路小于或等于 5 个时，宜全数检测；

3）当其余支路大于 5 个时，宜按照近端 2 个，中间区域 2 个，远端 2 个的原则进行检测。

2 定风量系统平衡度的检测方法应符合下列规定：

1）检测应在系统正常运行后进行，且所有风口应处于正常开启状态；

2）风系统检测期间，受检风系统的总风量应维持恒定且宜为设计值的 100% ~ 110%；

3）风量检测方法可采用风管风量检测方法，也可采用风量罩风量检测方法，并应符合本标准附录 G 的规定；

4）风系统平衡度应按下式计算：

$$\mathrm{FHB}_j = \frac{G_{a,j}}{G_{d,j}} \qquad (7.11.1)$$

式中 FHB_j ——第 j 个支路的风系统平衡度；

$G_{a,j}$ ——第 j 个支路的实际风量（m^3/h）；

$G_{d,j}$ ——第 j 个支路的设计风量（m^3/h）；

j ——支路编号。

7.11.2 定风量系统平衡度检测的合格指标与判断方法应符合下列规定：

1 90%的受检支路平衡度应为 0.9 ~ 1.2；

2 当检测结果满足本条第 1 款的规定时，判定为合格，否则判定为不合格。

7.12 室外管网水力平衡度检测

7.12.1 室外管网水力平衡度的检测按下列规定进行：

1 水力平衡度的检测应在采暖系统正常运行后进行。

2 室外采暖系统水力平衡度的检测宜以建筑物热力入口为限。

3 受检热力入口位置和数量的确定应符合下列规定：

1）当热力入口总数不超过 6 个时，应全数检测；

2）当热力入口总数超过 6 个时，应根据各个热力入口距热源距离的远近，按近端 2 处、远端 2 处、中间区域 2 处的原则确定受检热力入口；

3）受检热力入口的管径不应小于 DN40；

4）水力平衡度检测期间，采暖系统总循环水量应保持恒定，且应为设计值的 100%~110%；

5）流量计量装置宜安装在建筑物相应的热力入口处，且宜符合产品的使用要求；

6）循环水量的检测值应以相同检测持续时间内各热力入口处测得的结果为依据进行计算，检测持续时间宜取 10 min；

7）水力平衡度应按下式计算：

$$\mathrm{HB}_j = \frac{G_{\mathrm{wm},j}}{G_{\mathrm{wd},j}} \qquad (7.12.1)$$

式中 HB_j——第 j 个热力入口的水力平衡度；

$G_{\mathrm{wm},j}$——第 j 个热力入口的循环水量检测值（m^3/s）；

$G_{\mathrm{wd},j}$——第 j 个热力入口的设计循环水量（m^3/s）。

7.12.2 室外管网水力平衡度的合格指标与判断方法应符合下列规定：

1 采暖系统室外管网热力入口处的水力平衡度应为 0.9~1.2；

2 在所有受检的热力入口中，各热力入口水力平衡度均满足本条第 1 款的规定时，判定为合格，否则判定为不合格。

7.13 室外管网热损失率检测

7.13.1 室外管网热损失率检测按下列规定进行：

1 采取系统室外管网热损失率的检测应在采暖系统正常运行 120 h 后进行，检测持续时间不应少于 72 h。

2 检测期间，采暖系统应处于正常运行工况，热源供水温暖的逐时值不应低于 35 ℃。

3 热计量装置的安装应符合本标准附录 F 第 F.0.2 条的规定。

4 采暖系统外管网供水温降应采用温度自动检测仪进行同步检测，温度传感器的安装应符合本标准附录 F 第 F.0.2 条的规定，数据记录时间间隔不应大于 60 min。

5 室外管网热损失率应按下式计算：

$$\alpha_{ht} = \left(1 - \frac{\sum\limits_{j=1}^{n} Q_{a,j}}{Q_{a,t}}\right) \times 100\% \qquad (7.13.1\text{-}1)$$

式中 α_{ht} —— 采暖系统室外管网热损失率；

$Q_{a,j}$ —— 检测持续时间内第 j 个热力入口处的供热量（MJ）；

$Q_{a,t}$ —— 检测持续时间内热源的输出热量（MJ）。

6 室外管网输送效率应按下式计算：

$$\alpha_{st} = 1 - \alpha_{ht} \qquad (7.13.1\text{-}2)$$

式中 α_{st} —— 室外管网输送效率。

7.13.2 室外管网热损失率检测的合格指标与判断方法应符合下列规定：

1 采暖系统室外管网热损失率不应大于 10%；

2 当检测结果满足本条第 1 款的规定时，判定为合格，否则判定为不合格。

7.14 耗电输热比检测

7.14.1 耗电输热比检测按下列规定进行：

1 耗电输热比的检测应在采暖系统正常运行 120 h 后进行。

2 采暖热源和循环水泵的铭牌参数应满足设计要求。

3 系统瞬时供热负荷不应小于设计值的 50%。

4 循环水泵运行方式应满足下列条件：

1）对变频泵系统，应按工频运行且启泵台数满足设计工况要求；

2）对多台工频泵并联系统，启泵台数应满足设计工况要求；

3）对大小泵制系统，应启动大泵运行；

4）对一用一备制系统，应保证有一台泵正常运行。

5 耗电输热比的检测持续时间不应少于 24 h。

6 采暖热源的输出热量应在热源机房内采用热计量装置进行累计计量，热计量装置的安装应符合本标准附录 F 第 F.0.2 条的规定。循环水泵的用电量应分别计量；

7 采暖系统耗电输热比的计算按照附录 H 的规定进行。

7.14.2 耗电输热比检测的合格指标与判断方法应符合下列规定：

1 采暖系统耗电输热比（$EHR_{a,e}$）应满足下式的要求：

$$EHR_{a,e} \leqslant \frac{0.0062(14+a \times L)}{\Delta t} \qquad （7.14.2）$$

式中　$EHR_{a,e}$——采暖系统耗电输热比。

L——室外管网主干线（从采暖管道进出热源机房外墙

处算起，至最不利环路末端热用户热力入口止）包括供回水管道的总长度（m）。

a——系数，其取值为：当 $L \leqslant 500$ m 时，$a = 0.0115$；当 500 m$<L<1000$ m 时，$a = 0.0092$；当 $L \geqslant 1000$ m 时，$a = 0.0069$。

2 当检测结果满足本条第 1 款的规定时，判定为合格，否则判定为不合格。

7.15 地源热泵能效检测

7.15.1 地源热泵能效检测按下列规定进行：

1 检测方法：

1）地源热泵机组性能检测方法见第 7.2 节。

2）地源热泵系统制热性能的测评应在典型制热季进行，制冷性能的测评应在典型制冷季进行。对于冬、夏季均使用的地源热泵系统，应分别对其制热、制冷性能进行测评。

3）长期监测、短期测试，其方法参见现行国家标准《水源热泵机组》GB/T 19409。

2 地源热泵机组检测方法应符合下列规定：

1）热泵机组制热/制冷性能系数的测定工况应尽量接近机组的额定工况，机组的负荷率宜在机组额定值的 80%以上。

2）系统能效比的测定工况应尽量接近系统的设计工况，系统的最大负荷率宜在设计值的 60%以上；室内温湿度检测应在建筑物达到热稳定后进行。

7.15.2 用地源热泵系统一次能源节能率作为地源热泵能效检测的评价指标：

地源热泵系统一次能源节能率应按下式计算：

$$\eta_e = \frac{W_1 - W_{d1}}{W_1} \times 100\% \qquad (7.15.2)$$

式中　η_e——地源热泵节能率；

　　　W_1——常规供冷（暖）系统的一次能源消耗量；

　　　W_{d1}——地源热泵系统的一次能源消耗量。

7.16　太阳能热水系统节能检测

7.16.1 太阳能热水系统节能检测按下列规定进行：

1 采暖系统获得热量检测，检测应在太阳能热水系统正常运行条件下，采暖运行 120 h 后进行，检测持续时间不应少于 72 h。基本检测比照常规热水系统进行。

2 检测期间，采暖系统应处于正常运行工况，太阳能热源供水温暖的逐时值不应低于 35 ℃。

3 热计量装置的安装应符合本标准附录 F 第 F.0.2 条的规定。

4 太阳能热水系统供/回水温度降应采用温度自动检测仪进行同步检测，温度传感器的安装应符合本标准附录 F 第 F.0.2 条的规定，数据记录时间间隔不应大于 60 min。

7.16.2 用太阳能热水系统一次能源节能率作为太阳能热水系统节能检测的评价指标。

太阳能热水系统一次能源节能率的计算：

$$\eta_s = \frac{W_1 - W_{s1}}{W_1} \times 100\% \qquad\qquad (7.16.2)$$

式中 η_s——太阳能热水系统一次能源节能率;

W_1——常规供冷(暖)系统的一次能源消耗量;

W_{s1}——太阳能热水系统一次能源消耗量。

8 节能性能综合评估

8.1 一般规定

8.1.1 民用建筑节能工程的节能性能综合评估应在本标准第4章至第7章所列检测项目达标后进行，评估结果以评估建筑的节能等级表示，分为 A、B、C 三个等级。

8.1.2 评估建筑全年耗能量应采用国家行政主管部门认可的建筑能耗分析软件，依据现场检测数据计算，计算内容包含：

 1 严寒地区、寒冷地区应计算采暖期供暖耗能量；

 2 夏热冬冷地区应计算供暖和空调能耗量；

 3 温和地区应按与其最接近的建筑气候分区进行能耗量计算。

8.1.3 评估建筑全年耗能量计算所需数据应按下列方法取得：

 1 建筑物的形状、大小、朝向、内部的空间划分和使用功能等数据信息按竣工图纸，必要时应与实体核对。

 2 非透光围护结构传热系数取实测值；表面太阳辐射吸收系数按现行业标准确定。

 3 透光围护结构传热系数、遮阳系数直接采用标识证书数据或取实测值。

 4 具有遮阳功能的构件，应作为外遮阳进行计算。

 5 建筑物外门窗气密性能直接采用标识证书数据或取实测值。在计算采暖建筑的能耗或者耗热量时，应根据气密性和室外设计风速计算冷风渗透量，当冷风渗透量小于 0.5 次/h 时，取 0.5 次/h。

 6 建筑的通风、室内热源应按设计文件确定。当设计文件没有要求时，可按国家及四川省现行建筑节能设计标准确定。

    7 室内供暖温度和空调温度均取设计值。当设计文件没有要求时，可按国家及四川省现行建筑节能设计标准确定。

    8 供暖空调系统的年运行时间表和日运行时间表均取设计值。当设计文件没有要求时，可按国家及四川省现行建筑节能设计标准确定。

    9 锅炉运行效率应按现场检测结果，结合全年运行工况修正确定。

    10 室外管网输送效率应按现场检测结果确定。

    11 水泵应分别检测系统在负荷区间 0%～25%、25%～50%、50%～75%，75%～100%情况下的输入功率，结合全年运行工况修正确定供暖耗电输热比。

    12 冷水（热泵）机组实际性能系数应按现场检测结果，结合全年运行工况修正确定。

    13 冷源系统能效系数应按现场检测结果，并根据典型气象年条件下空调期年运行工况修正确定。

8.2 评估方法

8.2.1 在设定计算条件下，应用建筑能耗分析软件，分别计算评估建筑及参照建筑的全年单位面积供暖空调能耗量，并按下式计算建筑能耗比（参见附录J）：

$$\varepsilon = \frac{B_1}{B_0} \times 100\% \qquad\qquad (8.2.1)$$

式中 ε——建筑能耗比（%）；

       B_1——评估建筑全年单位面积供暖空调能耗（kW·h）；

       B_0——参照建筑全年单位面积供暖空调能耗（kW·h）。

8.2.2 评估建筑计算条件应按 8.1.3 获得和设置。

8.2.3 参照建筑计算条件应按下列要求设置：

1 参照建筑的形状、大小、朝向、内部空间划分和使用功能同评估建筑完全一致。

2 参照建筑各部分的围护结构传热系数、遮阳系数、窗墙面积比和屋面开窗面积应符合现行民用建筑节能设计标准的规定值。

3 参照建筑的通风、室内热源设定同评估建筑一致。

4 参照建筑居室内供暖温度和空调温度同评估建筑一致。

5 参照建筑供暖空调系统的年运行时间表和日运行时间表同评估建筑一致。

6 参照建筑供暖、空调末端同评估建筑一致；水环路的划分与所评估建筑的空气调节和供暖系统的划分一致。

8.2.4 严寒地区和寒冷地区民用建筑供暖能耗应为供暖热源、水泵等设备能耗之和，并应符合以下规定：

1 参照建筑供暖热源应为燃煤锅炉，锅炉额定热效率及室外管网输送效率应按现行行业标准《严寒和寒冷地区居住建筑节能设计标准》JGJ 26 取值，锅炉耗煤量应折算为耗电量；

2 评估建筑应根据实际采用的热源系统形式计算；

3 循环水泵能耗应根据耗电输热比计算。

8.2.5 夏热冬冷地区民用建筑供暖空调系统能耗应为供暖热源、空调冷源、水泵等设备能耗之和，并应按以下方法计算：

1 参照建筑供暖、空调冷热源应为家用空气源热泵，系统性能参数应按现行国家标准《夏热冬冷地区居住建筑节能设计标准》JGJ 134 取值。

2 评估建筑应根据实际采用的冷热源系统形式计算，除单元式空调的冷源效率按设计工况确定外，其他冷热源系统形式的冷热源效率均以检测值确定。

8.3 评估等级

8.3.1 四川省民用建筑节能性综合评估按建筑能耗比分为A、B、C三个等级，见表8.3.1。

表 8.3.1 民用建筑建筑能耗比与节能等级

节能等级	建筑能耗比 ε
A	$\varepsilon \leqslant 70\%$
B	$70\% < \varepsilon \leqslant 85\%$
C	$85\% < \varepsilon \leqslant 100\%$

附录 A 围护结构节能检测抽样方法

A.0.1 由相同施工单位完成的具有相同围护结构节能保温措施和结构体系的同 1 批房屋作为 1 个检测总体。

A.0.2 以层作为基本抽样单元，以建筑总层数作为抽样检测总数，最少检测层数应按表 A.0.2 选用，且保证每栋建筑至少检测 1 层。

表 A.0.2 节能检测的最少样本容量

抽样检测总层数	最少检测层数（层）
≤8	1
9~20	2
21~40	3
41~80	4
81~150	5
>150	6

附录 B　热工缺陷计算方法

B.0.1　被测外表面的热工缺陷采用相对面积（ψ）评价，被测内表面的热工缺陷采用能耗增加比（β）评价。二者分别按下列公式计算：

$$\psi = \frac{\sum\limits_{i=1}^{n} A_{2,i}}{\sum\limits_{i=1}^{n} A_{1,i}} \qquad\qquad (\text{B.0.1-1})$$

$$\beta = \psi \left| \frac{T_1 - T_2}{T_1 - T_0} \right| \times 100\% \qquad\qquad (\text{B.0.1-2})$$

$$A_{1,i} = \frac{\sum\limits_{j=1}^{m} A_{1,i,j}}{m} \qquad\qquad (\text{B.0.1-3})$$

$$A_{2,i} = \frac{\sum\limits_{j=1}^{m} A_{2,i,j}}{m} \qquad\qquad (\text{B.0.1-4})$$

$$T_1 = \frac{\sum\limits_{i=1}^{n} T_{1,i} A_{1,i}}{\sum\limits_{i=1}^{n} A_{1,i}} \qquad\qquad (\text{B.0.1-5})$$

$$T_2 = \frac{\sum\limits_{i=1}^{n} T_{2,i} A_{2,i}}{\sum\limits_{i=1}^{n} A_{2,i}} \qquad\qquad (\text{B.0.1-6})$$

$$T_{1,i} = \frac{\sum_{j=1}^{m} T_{1,i,j} A_{1,i,j}}{\sum_{j=1}^{m} A_{1,i,j}} \qquad （\text{B.0.1-7}）$$

$$T_{2,i} = \frac{\sum_{j=1}^{m} T_{2,i,j} A_{2,i,j}}{\sum_{j=1}^{m} A_{2,i,j}} \qquad （\text{B.0.1-8}）$$

式中 ψ —— 被测表面缺陷区域面积与主体区域面积的比值；

β —— 被测内表面由于热工缺陷所带来的能耗增加比；

T_1 —— 被测表面主体区域（不包括缺陷区域）的平均温度（°C）；

T_2 —— 被测表面缺陷区域的平均温度（°C）；

$T_{1,i}$ —— 第 i 幅热像图主体区域的平均温度（°C）；

$T_{2,i}$ —— 第 i 幅热像图缺陷区域的平均温度（°C）；

$A_{1,i}$ —— 第 i 幅热像图主体区域的面积（m^2）；

$A_{2,i}$ —— 第 i 幅热像图缺陷区域的面积（m^2），指与 T_1 的温度差大于或等于 1 °C 的点所组成的面积；

T_0 —— 环境温度（°C）；

i —— 热像图的幅数，$i = 1 \sim n$；

j —— 每一幅热像图的张数，$j = 1 \sim m$。

附录C 空调采暖系统仪器仪表测量性能要求

C.0.1 空调采暖系统仪器仪表测量性能应符合表 C.0.1 的要求。

表 C.0.1 空调采暖系统仪器仪表测量性能

序号	检测参数	仪表准确度等级（级）	最大允许偏差
1	空气温度	—	≤0.5°C
2	空气相对湿度	—	≤5%（测量值）
3	采暖水温度	—	≤0.5°C
4	空调水温度	—	≤0.2°C
5	水流量	—	≤5%（测量值）
6	水压力	2.0	≤5%（测量值）
7	热量及冷量	3.0	≤5%（测量值）
8	耗电量	1.0	≤1.5%（测量值）
9	耗油量	1.0	≤1.5%（测量值）
10	耗气量	2.0（天燃气）；2.5（蒸汽）	≤5%（测量值）
11	风速	—	≤5%（测量值）
12	电功率	1.0	≤1.5%（测量值）
13	质量流量控制器	—	≤1%（测量值）

附录 D 水系统供冷（热）量检测方法

D.0.1 水系统供冷（热）量应按现行国家标准《容积式和离心式冷水（热泵）机组性能试验方法》GB/T 10870 规定的液体载冷剂法进行检测。

D.0.2 检测时应同时分别对冷水（热水）的进、出口水温和流量进行检测，根据进、出口温差和流量检测值计算得到系统的供冷（热）量。检测过程中应同时对冷却侧的参数进行监测，并应保证检测工况符合检测要求。

D.0.3 水系统供冷（热）量测点布置应符合下列规定：

   1 温度计应设在靠近机组的进出口处；

   2 流量传感器应设在设备进口或出口的直管段上，并应符合产品测量要求。

D.0.4 水系统供冷（热）量测量仪表宜符合下列规定：

   1 温度测量仪表可采用玻璃水银温度计、电阻温度计或热电偶温度计；

   2 流量测量仪表应采用超声波流量计。

附录 E 电机输入功率检测方法

E.0.1 电机输入功率检测应按现行国家标准《三相异步电动机试验方法》GB/T 1032 规定的方法进行。

E.0.2 电机输入功率检测宜采用两表（2 台单相功率表）法测量，也可采用 1 台三相功率表或三台单相功率表测量。

E.0.3 当采用两表（2 台单相功率表）法测量时，电机输入功率应为两表检测功率之和。

E.0.4 电功率测量仪表宜采用数字功率表。功率表精度等级宜为 1.0 级。

附录 F 单位采暖耗热量检测方法

F. 0. 1 单位采暖耗热量的检测应在采暖系统正常运行 120 h 后进行，检测持续时间不应少于 24 h。

F. 0. 2 建筑物采暖供热量应采用热计量装置在建筑物热力入口处检测，供回水温度和流量传感器的安装宜满足相关产品的使用要求，温度传感器宜安装于受检建筑物外墙外侧且距外墙外表面 2.5 m 以内的地方。采暖系统总采暖供热量宜在采暖热源出口处检测，供回水温度和流量传感器宜安装在采暖热源机房内，当温度传感器安装在室外时，距采暖热源机房外墙外表面的垂直距离不应大于 2.5 m。

F. 0. 3 单位采暖耗热量应按下式计算：

$$q_{ha} = \frac{Q_{ha}}{A_0} \times \frac{278}{H_r} \qquad （F.0.3）$$

式中 q_{ha} ——建筑物或居住小区单位采暖耗热量（W/m^2）；

Q_{ha} ——检测持续时间内在建筑物热力入口处或采暖热源出口处测得的累计供热量（MJ）；

A_0 ——建筑物（含采暖地下室）或居住小区（含小区内配套公共建筑）的总建筑面积（该建筑面积应按各层外墙轴线围城面积的总和计算）（m^2）；

H_r ——检测持续时间（h）。

附录 G 风量检测方法

G.1 风管风量检测方法

G.1.1 风管风量检测宜采用毕托管和微压计；当动压小于 10 Pa 时，宜采用数字式风速计。

G.1.2 风量测量断面应选择在机组出口或入口直管段上，且宜距上游局部阻力部件大于或等于 5 倍管径（或矩形风管长边尺寸），并距下游局部阻力构件大于或等于 2 倍管径（或矩形风管长边尺寸）的位置。

G.1.3 测量断面测点布置应符合下列规定：

1 矩形断面测点数及布置方法应符合表 G.1.3-1 和图 G.1.3-1 的规定；

2 圆形断面测点数及布置方法应符合表 G.1.3-2 和图 G.1.3-2 的规定。

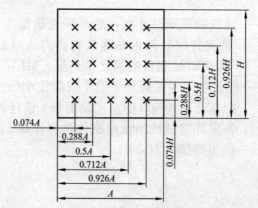

图 G.1.3-1 矩形风管 25 个测点时的测点分布

表 G.1.3-1　矩形断面测点位置

横线数或每条横线上的测点数目	测点	测点位置 X/A 或 X/H
5	1	0.074
	2	0.288
	3	0.500
	4	0.712
	5	0.926
6	1	0.061
	2	0.235
	3	0.437
	4	0.563
	5	0.765
	6	0.939
7	1	0.053
	2	0.203
	3	0.366
	4	0.500
	5	0.634
	6	0.797
	7	0.947

注：**1**　当矩形截面的纵横比（长短边比）小于 1.5 时，横线（平行于短边）的数目和每条横线上的测点数目均不宜少于 5 个。当场边大于 2 m 时，横线（平行于短边）的数目宜增加到 5 个以上。

　　2　当矩形截面的纵横比（长短边比）大于或等于 1.5 时，横线（平行于短边）的数目宜增加到 5 个以上。

　　3　当矩形截面的纵横比（长短边比）小于或等于 1.2 时，也可按等截面划分小截面，每个小截面边长宜为（200～250）mm。

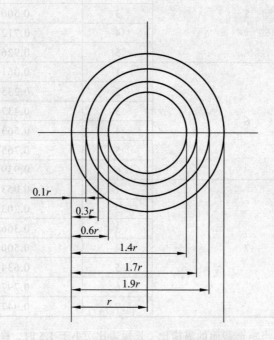

0.1r

0.3r

0.6r

1.4r

1.7r

1.9r

r

图 G.1.3-2 圆形风管 3 个圆环时测点布置

表 G.1.3-2　圆形截面测点布置

风管直径（mm）	≤200	200～400	400～700	≥700
圆环个数	3	4	5	5～6
测点编号	测点到管壁的距离（r 的倍数）			
1	0.10	0.10	0.05	0.05
2	0.30	0.20	0.20	0.15
3	0.60	0.40	0.30	0.25
4	1.40	0.70	0.50	0.35
5	1.70	1.30	0.70	0.50
6	1.90	1.60	1.30	0.70
7	—	1.80	1.50	1.30
8	—	1.90	1.70	1.50
9	—	—	1.80	1.65
10	—	—	1.95	1.75
11	—	—	—	1.85
12	—	—	—	1.95

G.1.4　测量时，每个测点应至少测量 2 次。当 2 次测量值接近时，应取 2 次测量的平均值作为测点的测量值。

G.1.5　当采用毕托管和微压计测量风量时，风量计算应按下列方法进行：

　　1　平均动压计算应取各测点的算数平均值作为平均动压。当各测点数据变化较大时，应按下列式计算动压的平均值：

$$P_{\mathrm{V}} = \left(\frac{\sqrt{P_{\mathrm{V1}}} + \sqrt{P_{\mathrm{V2}}} + \cdots + \sqrt{P_{\mathrm{V}n}}}{n} \right)^2 \qquad (\ \mathrm{G.1.5\text{-}1})$$

式中　　P_V——平均动压（Pa）；

　　　　P_{V1}、P_{V2} … P_{Vn}——各测点的动压（Pa）。

2　断面平均风速应按下式计算：

$$v = \sqrt{\frac{2P_V}{\rho}} \quad\quad\quad （G.1.5-2）$$

$$\rho = \frac{0.349B}{273.15+t} \quad\quad\quad （G.1.5-3）$$

式中　　v——断面平均风速（m/s）；

　　　　ρ——空气密度（kg/m³）；

　　　　B——大气压力（hPa）；

　　　　t——空气温度（℃）。

3　机组或系统实测风量应按下式计算：

$$L = 3600 \cdot v \cdot F \quad\quad\quad （G.1.5-4）$$

式中　　F——断面面积（m²）；

　　　　L——机组或系统风量（m³/h）。

G.1.6　采用数字式风速计测量风量时，断面平均风速应取算数平均值；机组或系统实测风量应按式（G.1.5-4）计算。

G.2　风量罩风口风量检测方法

G.2.1　风量罩安装应避免产生紊流，安装位置应位于检测风口的居中位置。

G.2.2　风量罩应将待测风口罩住，并不得漏风。

G.2.3　应在显示值稳定后记录读数。

附录 H　采暖系统耗电输热比计算方法

H.0.1　采暖系统耗电输热比应按下列公式计算：

$$\mathrm{EHR}_{a,e} = \frac{3.6 \times \varepsilon_a \times \eta_m}{\sum Q_{a,e}} \qquad (\text{H.0.1-1})$$

$$\sum Q_p = 0.3612 \times 10^6 \times G_a \times \Delta t \qquad (\text{H.0.1-2})$$

$$\sum Q = 0.0864 \times q_q \times A_0 \qquad (\text{H.0.1-3})$$

当 $\sum Q_a < \sum Q$ 时，$\sum Q_{a,e} = \min\{\sum Q_p, \sum Q\}$

当 $\sum Q_a \geqslant \sum Q$ 时，$\sum Q_{a,e} = \sum Q_a$

式中　$\mathrm{EHR}_{a,e}$——采暖系统耗电输热比（无因次）；

ε_a——检测持续时间内采暖系统循环水泵的日耗电量（kW·h）；

η_m——电机效率与传动效率之和，直联取 0.85，联轴器传动取 0.83；

$\sum Q_{a,e}$——检测持续时间内采暖系统日最大有效供热能力（MJ）；

$\sum Q_a$——检测持续时间内采暖系统的实际日供热量（MJ）；

$\sum Q_p$——在循环水量不变的情况下，检测持续时间内采暖系统可能的日最大供热能力（MJ）；

$\sum Q$——采暖热源的设计日供热量（MJ）；

G_a——检测持续时间内采暖系统的平均循环水量（m³/s）；

Δt——采暖热源的设计供回水温差（°C）。

附录 J 民用建筑节能性能综合评估计算方法

J.0.1 在设定计算条件下，应用建筑能耗分析软件，分别计算评估建筑及参照建筑的全年单位面积供暖空调能耗量，并按下式计算建筑能耗比：

$$\varepsilon = \frac{B_1}{B_0} \times 100\% \qquad (\text{J.0.1})$$

式中 ε——建筑能耗比（%）；

B_1——评估建筑全年单位面积供暖空调能耗（kW·h）；

B_0——参照建筑全年单位面积供暖空调能耗（kW·h）。

J.0.2 严寒和寒冷地区民用建筑供暖能耗的计算

1 参照建筑

$$B_0 = E_{01} + E_{02} \qquad (\text{J.0.2-1})$$

式中 E_{01}——参照建筑单位建筑面积锅炉耗煤量折合的耗电量（kW·h/m²）；

E_{02}——参照建筑单位建筑面积循环水泵能耗，（kW·h/m²）。

$$E_{01} = \frac{Q_{01}}{A \times \eta_{01} \times \eta_{02} \times q_1 \times q_2} \qquad (\text{J.0.2-2})$$

式中 Q_{01}——参照建筑全年累计热负荷（通过动态模拟软件计算得到）（kW·h）；

A——总建筑面积（m²）；

η_{01}——参照建筑室外管网输送效率，取 0.92；

η_{02}——参照建筑锅炉的设计效率限值，按国家现行标准《严寒和寒冷地区居住建筑节能设计标准》JGJ 26

表 5.2.4 取值；

q_1——标准煤热值，取 8.14 kW·h/kg 标准煤；

q_2——上年度国家统计局发布的发电耗煤[kg 标准煤/（kW·h）]。

$$E_{02} = \frac{Q_{01}}{A} \times EHR_{01}$$ （J.0.2-3）

式中 EHR_{01}——参照建筑集中供暖系统热水泵的耗电输热比，按国家现行标准《严寒和寒冷地区居住建筑节能设计标准》JGJ 26 第 5.2.16 条的规定取值。

2 评估建筑

1）热源为锅炉时，评估建筑供暖能耗 B_1 按下式计算：

$$B_1 = E_1 + E_2$$ （J.0.2-4）

式中 E_1——评估建筑单位建筑面积锅炉耗煤量折合的耗电量（kW·h/m²）；

E_2——评估建筑单位建筑面积循环水泵能耗（kW·h/m²）。

$$E_1 = \frac{Q_1}{A \times \eta_1 \times \eta_2 \times q_1 \times q_2}$$ （J.0.2-5）

式中 Q_1——评估建筑全年累计热负荷（通过动态模拟软件计算得到）（kW·h）；

A——总建筑面积（m²）；

η_1——评估建筑室外管网输送效率（检测值）；

η_2——评估建筑锅炉的热效率（检测值）；

q_1——标准煤热值，取 8.14 kW·h/kg 标准煤；

q_2——上年度国家统计局发布的发电耗煤[kg 标准煤/（kW·h）]。

$$E_2 = \frac{Q_1}{A} \times \text{EHR}_1 \qquad\qquad (\text{J.0.2-6})$$

式中 　EHR$_1$ —— 评估建筑集中供暖系统热水泵的耗电输热比
　　　　　　　（检测值）。

2）热源为热泵时，评估建筑供暖能耗 B_1 按下式计算：

$$B_1 = \frac{Q_1}{\text{COP}_{s1}} \cdot \frac{1}{A} \qquad\qquad (\text{J.0.2-7})$$

式中 　Q_1 —— 评估建筑全年累计热负荷（kW·h）；
　　　COP$_{s1}$ —— 评估建筑系统采暖能效系数（检测值）；
　　　A —— 总建筑面积（m^2）。

3）热源为市政热力时，供暖能耗 B_1 包括市政热力耗热
　　量折算的耗电量 E_1 及评估建筑二次网循环水泵耗电
　　量 E_2。评估建筑供暖能耗 B_1 按下式计算：

$$B_1 = E_1 + E_2 \qquad\qquad (\text{J.0.2-8})$$

$$E_1 = \frac{Q_1}{A \times \eta_1 \times q_1 \times q_2} \qquad\qquad (\text{J.0.2-9})$$

$$E_2 = \frac{Q_1}{A} \times \text{EHR}_1 \qquad\qquad (\text{J.0.2-10})$$

式中 　E_1 —— 评估建筑单位建筑面积市政热力耗热量折算的
　　　　　　　耗电量（kW·h/m^2）；
　　　E_2 —— 评估建筑单位建筑面积二次网循环水泵耗电量
　　　　　　　（kW·h/m^2）。
　　　Q_1 —— 评估建筑全年累计热负荷（kW·h）；
　　　A —— 总建筑面积（m^2）；
　　　η_1 —— 评估建筑室外管网输送效率（检测值）；
　　　q_1 —— 标准煤热值，取 8.14 kW·h/kg 标准煤；

q_2——上年度国家统计局发布的发电煤耗[kg 标准煤/（kW·h）]；

EHR_1——评估建筑集中供暖系统热水泵的耗电输热比（检测值）。

J.0.3 夏热冬冷地区民用建筑采暖、空调能耗计算：

1 参照建筑

$$B_0 = E_{0h} + E_{0c} = \left(\frac{Q_{01}}{COP_h} + \frac{Q_{02}}{COP_c} \right) \cdot \frac{1}{A} \qquad （ J.0.3-1 ）$$

式中 B_0——参照建筑单位建筑面积供暖空调能耗（kW·h/m²）；

E_{0h}——参照建筑单位建筑面积供暖耗电量（kW·h/m²）；

E_{0c}——参照建筑单位建筑面积供冷耗电量（kW·h/m²）；

Q_{01}——参照建筑全年累计热负荷（kW·h）；

Q_{02}——参照建筑全年累计冷负荷（kW·h）；

A——总建筑面积（m²）；

COP_h、COP_c——额定能效比，供冷时额定能效比应取 2.3，供暖时额定能效比应取 1.9。

2 评估建筑

$$B_1 = E_h + E_c \qquad （ J.0.3-2 ）$$

式中 B_1——评估建筑单位建筑面积供暖空调能耗（kW·h/m²）；

E_h——评估建筑单位建筑面积供暖耗电量（kW·h/m²）；

E_c——评估建筑单位建筑面积供冷耗电量（kW·h/m²）。

1）评估建筑供暖能耗 E_h 计算同严寒和寒冷地区。

2）评估建筑冷源为冷水（热泵）机组时，供冷耗电量 E_c 按下式计算：

$$E_c = \frac{Q_2}{COP_{s2}} \cdot \frac{1}{A} \qquad （ J.0.3-3 ）$$

式中 E_c——评估建筑单位建筑面积供冷耗电量（$kW \cdot h/m^2$）；

$\quad\quad\ \ Q_2$——评估建筑全年累计冷负荷（$kW \cdot h$）；

$\quad\quad\ \ COP_{s2}$——评估建筑系统供冷能效系数（检测值）；

$\quad\quad\ \ A$——总建筑面积（m^2）。

本标准用词说明

1 为便于在执行本标准条文是区别对待，对于要求严格程度不同的用词说明如下：

1）表示很严格，非这样做不可的：

正面词采用"必须"；反面词采用"严禁"；

2）表示严格，在正常情况下均应这样做的：

正面词采用"应"；反面词采用"不应"或"不得"；

3）表示允许稍有选择，在条件许可时首先应这样做的：

正面词采用"宜"；反面词采用"不宜"；

4）表示有选择，在一定条件下可以这样做的，采用"可"。

2 条文中指明应按其他有关标准执行的写法为："应符合……的规定"或"应按……执行"。

引用标准名录

1 《建筑玻璃可见光透射比、太阳光直接透射比、太阳能总透射比、紫外线透射比及有关窗玻璃参数的测定》GB/T 2680

2 《建筑外门窗气密、水密、抗风压性能分级及检测方法》GB/T 7106

3 《建筑外门窗保温性能分级及检测方法》GB/T 8484

4 《工业锅炉热工性能实验规范》GB/T 10180

5 《水源热泵机组》GB/T 19409

6 《民用建筑热工设计规范》GB 50176

7 《公共建筑节能设计标准》GB 50189

8 《建筑外窗气密、水密、抗风压性能现场检测方法》JG/T 211

9 《建筑用热流计》JG/T 3016

10 《严寒和寒冷地区居住建筑节能设计标准》JGJ 26

11 《居住建筑节能检测标准》JGJ/T 132

12 《夏热冬冷地区居住建筑节能设计标准》JGJ 134

13 《建筑门窗玻璃幕墙热工计算规程》JGJ/T 151

14 《四川省居住建筑节能设计标准》DB51/5027

四川省工程建设地方标准

四川省民用建筑节能检测评估标准

DBJ51/T 017 - 2013

条 文 说 明

制定说明

《四川省民用建筑节能检测评估标准》DBJ51/T 017 – 2013，经四川省住房和城乡建设厅 2013 年 10 月 31 日以川建标发〔2013〕554 号文公告批准发布。

为了便于广大设计、施工、科研、学校、生产企业等单位有关人员在使用本标准时能正确理解和执行条文规定，《四川省民用建筑节能检测评估标准》编制组按照章、节、条顺序编制了本标准的条文说明，对条文规定的目的、依据以及执行中需注意的有关事项进行了说明。使用中如发现本条文说明有不妥之处，请将意见或建议函寄四川省建筑科学研究院。

目　次

1 总　则

1.0.1　本条说明编制本标准的目的。

1.0.2　本条明确了本标准的适用范围是四川地区新建、改建、扩建民用建筑的节能性能检测评估,既有住宅建筑的节能性能检测评估也可参照执行。

1.0.3　本条说明本标准与其他标准之间的衔接。

2 术 语

本标准所列术语，均是在本标准中出现的且在含义上需要加以界定、说明或解释的词汇。

3 基本规定

3.0.1 本条对民用建筑进行节能检测中所应遵循的原则进行规定。本标准未规定民用建筑是否必须进行节能检测，只规定当民用建筑进行节能检测评估时所遵循的检测方法、合格指标和判定方法。

3.0.2 建筑节能现场检测工作前的现场调查和资料收集工作是很重要的。了解检测对象的状况和收集有关资料不仅有利于制订检测方案，而且有助于确定检测内容和重点。有关资料主要是指建筑的设计文件、材料和构件检测报告、施工过程记录、施工验收报告等。当缺乏有关资料时，影响有关人员及单位进行调查。

本条中第 1 款是为了把住节能建筑的设计关。在我国现阶段的基建程序中，设计院将设计蓝图提交给开发商后，按规定开发商要将该图纸送一家施工图审查机构进行节能设计的专项审查。审查机构的主要作用是核查我国现行的强制性标准中所规定的强制性条款是否在设计中得到了有效的执行。这里所说的审图机构对工程施工图节能设计进行审查的文件便是指这类文件。

本条中第 4 款所提的性能复检报告包括门窗传热系数、外窗气密性能等级、玻璃及外窗遮阳系数、保温材料密度、保温材料导热系数、保温材料强度等报告。

3.0.3 本条提出了建筑节能现场检测抽样方案选择的原则要求。检测单元和位置由检测单位随机确定。

5 墙体、屋面、楼地面节能性能检测

5.1 热工缺陷检测

5.1.1 采用红外热像仪检测结果的准确性除了与仪器性能、操作人员的专业技术有关外，还与发射率的选择、周边建筑环境、气候等因素有关，因此应规定相关要求以确保检测的准确性。本节条文主要依据现行行业标准《居住建筑节能检测标准》JGJ/T 132。

5.2 现场传热系数检测

5.2.1 本条规定了传热系数检测的基本方法。

1 热流计法是目前国内外常用的围护结构热工性能现场测试方法，故本标准中推荐采用此检测方法，也鼓励在检测过程中采用精度更高的检测方法。同时考虑到热流计法测定中准确度方面的原因，建议在测试过程中采用在围护结构双侧粘贴热流计的方法进行检测。在采用其他检测方法时规定在被测围护结构施工完成至少 12 个月后进行检测是为了让墙体能够达到自然平衡的干燥状态，减少水分对检测结果的影响。

2～3 对于检测设备的要求主要是参照国家标准《建筑物围护结构及采暖供热量检测方法》GB/T 23483—2009。

4～6 关于传感器的安装和布置基本参照现行行业标准《居住建筑节能检测标准》JGJ/T 132，考虑到四川省围护结构内部并非均匀，因此规定每个主体部位表面测点不少于 3 个，并以各测点测量数据的平均值作为该表面测量值。

7 关于检测环境条件和时间的规定是为了尽量维持被测围护结构两侧有较大温差，并且接近稳定传热状态，减少气候变化对测量结果的影响。

9～13 采用算术平均法对检测数据进行分析，具有使用简便、易操作、检测数据真实性高等特点。针对由于检测环境、气候等原因导致的，不能达到算术平均法分析数据要求的条件时，可采取延长测试时间或采用动态分析法对检测结果进行处理。采用动态分析方法时应采用权威机构鉴定的计算软件，为与行业标准保持一致，条文中指出宜使用与现行行业标准《居住建筑节能检测标准》JGJ/T 132 相配套的数据处理软件进行计算。

条文中围护结构单位面积比热容可以采用设计参数进行估算，即：

$$C = \sum_{i=1}^{n} d_i \rho_i c_i$$

式中　C ——围护结构单位面积比热容[kJ/（m^2·K）]；
　　　d_i ——围护结构第 i 层材料厚度（m）；
　　　ρ_i ——围护结构第 i 层材料密度（kg/m^3）；
　　　c_i ——围护结构第 i 层材料比热[kJ/（kg·K）]；
　　　n ——围护结构材料层数。

5.3　热桥部位内表面温度检测

《四川省居住建筑节能设计标准》DB51/5027 对四川地区的热桥部位内表面温度作出了要求，是因为这个部位保温薄弱，热流密集，内表面温度较低，当内表面温度低于空起露点温度时，会引起结露现象。本节条文是为了检验热桥部位内表

75

面冬季是否出现结露而编写的，主要参照现行行业标准《居住建筑节能检测标准》JGJ/T 132。

5.4 屋面和西向外墙隔热性能检测

本节条文是根据现行国家标准《民用建筑热工设计规范》GB 50176 中的隔热性能要求而编写的，检测方法主要参照现行行业标准《居住建筑节能检测标准》JGJ/T 132。

5.4.1 本条对建筑屋面和西向外墙隔热性能检测提出了相关要求，屋面为隔热性能必检部位，西向外墙的检测部位为按照附录 A 所列的抽样方法进行抽样所得楼层的外墙。由于在自然通风条件下，围护结构内表面的温升主要来自太阳辐射，若白天直射到被测外墙及屋面外表面的阳光被其他物体遮挡，则会影响检测效果。在实际检测过程中若出现遮挡情况，应避开遮挡部位或重新确定抽样部位进行检测。

6 外门窗性能检测

6.1 外门窗框与墙体间密封缺陷检测

6.1.1 门窗框与墙体间缝隙填嵌是否饱满关系到保温效果，门窗框与墙体间缝隙要采用闭孔弹性材料填嵌，寒冷和严寒地区木外门窗（或门窗框）与墙体间的空隙要填充保温材料，采用红外热像仪可无损检测外门窗框与墙体间密封缺陷，有密封缺陷时可打开门窗框与墙体间缝隙确认检查。

6.2 外门窗气密性能检测

6.2.1 本条规定了外门窗气密性能、水密性能检测的基本方法。采用静压箱检测外门窗气密性能的方法，在现行行业标准《建筑外窗气密、水密、抗风压性能现场检测方法》JG/T 211中已有明确规定。

6.3 外门窗保温性能检测

6.3.2 外门窗节能性能标识（简称标识）制度，是指通过统一的检测或模拟手段评定出门窗的传热系数，并按统一规格将包含该指标的标签粘贴到产品上的一种模式。国家或四川省建筑门窗节能性能标识认证具有权威性和可信性，因此可直接采信。

6.5 门窗外遮阳设施性能检测

6.5.1 本条规定了门窗外遮阳设施性能检测的基本方法：

77

1　外窗外遮阳设施的位置和构件尺寸、角度及遮阳材料光学特性等都对遮阳系数有直接影响，而且在建筑遮阳设计图中，这些参数都已给出，所以对这些参数的检测是可行的。对于活动外遮阳装置，因为遮阳设施的转动或活动的范围均影响着遮阳设施的效果，所以，亦有必要进行现场检测。

2　对量具不确定度的具体规定有利于增强数据的可比性。2 mm 的不确定度对于工程检测中的常用量具（卷尺、钢直尺、游标尺）而言，是具有可操作性的。一般角度尺的不确定度亦能满足 2°的要求。

3　本条规定的目的在于检测前必须确认受检外遮阳设施的工作状态，只有能正常工作的外遮阳设施才能进入下一步检测。

7 空调系统检测

7.1 一般规定

7.1.1 本标准是对系统实际运行性能进行检测,即根据系统的实际运行状态对系统的能效进行检测,但可以根据检测条件和要求对末端负荷进行人为调节,以利于实现对系统性能的判别。

7.1.2 根据研究和检测结果,冷水机组性能系数(COP)在负荷 80%以上时,同冷水机组满负荷时的性能相比,变化相对较小,同时考虑空调冷源系统多台冷水机组的匹配运行情况,确定检测工况下冷源系统运行负荷宜不小于其实际运行最大负荷的 60%,且运行机组负荷宜不小于其额定负荷的 80%。

控制冷水机组性能系数(COP)变化在 10%左右,同时考虑空调冷源系统现场检测的可能性,确定冷水出水温度及冷却水进水温度参数。根据研究和检测结果,当冷水出水温度以 7 ℃ 为基准时,冷水出水温度为(6 ~ 9)℃ 之间,冷水机组的性能(COP)变化在 – 2% ~ 4%;当冷却水进水温度以 32 ℃ 为基准时,冷却水进水温度为(29 ~ 32)℃ 之间,冷水机组的性能(COP)变化在 0 ~ 8%。

该现场检测工况满足或相对优于机组额定工况。

7.1.3 如果检测期间,整个采暖系统运行不正常,得出的数据便会失去意义。燃煤锅炉的负荷率对锅炉的运行效率影响较大,所以本标准规定燃煤锅炉的日平均运行负荷应不小于 60%。这里特别提出日平均运行负荷率的概念主要是便于操作。由于燃油和燃气锅炉的负荷特性好,当负荷率在 30%以上时,锅炉效率可接近额定效率,所以,本标准规定燃油和燃气锅炉的瞬时运行负荷率应不小于 30%。

7.2 冷水（热泵）机组实际性能系数的检测

7.2.1 本检测方法是对现场安装后机组实际性能进行检测，不是对机组本身铭牌值的检测，所以不考虑冷水机组本体热损失及对机组性能的影响。

溴化锂吸收式冷水机组的燃料耗量如现场不便于测量，可根据现场安装的计量仪表进行测量，现场安装仪表必须经过有关计量部门的标定。

燃料的发热值可根据当地有关部门提供的燃料发热值进行计算。

7.2.2 现行国家标准《公共建筑节能设计标准》GB 50189 第5.4.5 条规定：电驱动压缩机的蒸汽压缩循环冷水（热泵）机组，在额定制冷工况和规定条件下，性能系数（COP）不应低于表 1 的规定。

表 1 冷水（热泵）机组制冷性能系数

类　型		额定制冷量（kW）	性能系数(kW/kW)
水　冷	活塞式/涡旋式	< 528	3.8
		528 ~ 1163	4.0
		> 1163	4.2
	螺杆式	< 528	4.1
		528 ~ 1163	4.3
		> 1163	4.6
	离心式	< 528	4.4
		528 ~ 1163	4.7
		> 1163	5.1

类　型		额定制冷量（kW）	性能系数(kW/kW)
风冷或蒸发冷却	活塞式/涡旋式	≤ 50	2.4
		> 50	2.6
	螺杆式	≤ 50	2.6
		> 50	2.8

国家标准《公共建筑节能设计标准》GB 50189—2005 第5.4.9 条规定：溴化锂吸收式机组性能参数不低于表 2 的规定。

表 2　溴化锂吸收式机组性能参数

机型	运行工况	性能参数		
	蒸汽压力（MPa）	单位制冷量蒸汽耗量[kg/(kW ·h)]	性能系数（kW/kW）	
			制冷	制热
蒸汽双效	0.25	≤ 1.40	—	—
	0.4		—	—
	0.6	≤ 1.31	—	—
	0.8	≤ 1.28	—	—
直燃	—		≥ 1.10	—
	—			≥ 0.9

注：直燃机的性能系数 = 制冷量（供热量）/[加热源消耗量（以低位热值计）＋ 电力消耗量（折算成一次能）]

7.3　水系统回水温度一致性检测

7.3.1　因为水系统的集水器一般设在机房，便于操作，所以，仅规定与水系统集水器相连的一级支管路。24 h 代表一个完整的时间循环，所以，便于得到比较全面的结果。1h 作为数据记录时间间隔的限值首先是便于对实际水系统的运行进行动态评估，另一方面实施起来也容易。

7.3.2 水系统回水温度一致性检测通过检测回水温度这一简便易行的方法，间接检测了系统水力平衡的状况。

7.4　水系统供、回水温差检测

7.4.1 测点尽量布置在靠近被测机组的进、出口处，可以减少由于管道散热所造成的热损失。当被检测系统预留安放温度计位置（或可将原来系统中安装的温度计暂时取出以得到放置检测温度计的位置）时，将导热油重新注入，测量水温。当没有提供安放温度计位置时，可以利用热电偶测量供回水管外壁面的温度，通过两者测量值相减得到供、回水温差。测量时注意在安放了热电偶后，应在测量位置覆盖绝热材料，保证热电偶和水管管壁的充分接触。热电偶测量误差应经校准确认符合测量要求，或保证热电偶是同向误差即同时保持正偏差或负偏差。

7.4.2 现行国家标准《公共建筑节能设计标准》GB 50189 第 5.3.8 条规定：冷水机组的冷水供回水设计温差不应小于 5 ℃。检测工况为冷水机组达到 80%负荷，冷水流量保持不变，则冷水供回水温差应在 4 ℃以上。

7.6　冷源系统能效系数检测

冷源系统用电设备包括制冷机房的冷水机组、冷水泵、冷却水泵和冷却塔风机，其中冷水泵如果是二次水泵系统，一次泵和二次泵均包括在内。不包括空调系统的末端设备。

根据国内空调系统设计和实际运行过程中冷水机组占空调冷源系统总能耗的比例情况，综合考虑了冷水机组的性能系数限值，确定出检测工况的冷源系统能效系数限值。理论上不同容量的系统配置，冷机所占的能耗比率应该有所区别，但对不同类型公共建筑典型系统设计工况下理论计算结果表明，冷机容量配置对其所占比例影响较小，因此，各类型机组在系统中的能耗比例取值可按相同考虑。根据不同类型公共建筑典型系统设计工况下冷源系统能效系数及水冷冷水机组所占的能耗比率的计算结果，水冷冷水机组所占的能耗比率约占 70%。根据理论计算分析，同时考虑目前国内实际运行水平，确定空调冷源系统能效系数限值计算参数为：对水冷冷水机组，检测工况下（机组负荷为额定负荷的 80%）其能耗按占系统能耗的 65% 计算；对风冷或蒸发式冷却冷水机组，检测工况下其能耗按占系统能耗的 75% 计算；冷水（热泵）机组制冷性能系数满足现行国家标准《公共建筑节能设计标准》GB 50189 第 5.4.5 条的规定。

本检测方法是在检测工况下冷源系统能效系数，所以反映的是冷源系统接近设计工况下的实际性能水平。

7.7 锅炉运行效率检测

7.7.1 本条规定了锅炉运行效率检测的基本方法：

1 采暖锅炉运行效率的检测持续时间规定为不应少于 24 h，主要是考虑可操作性问题。如果规定检测持续时间过长，则完成一个项目的检测所费时间太多，执行起来困难，特别是对于燃煤锅炉，需要燃煤称重，需要投入的人力太多。因此，考虑检测持续时间不应少于 24 h。

2 如果检测期间，整个采暖系统运行不正常，得出的数据便会失去意义。燃煤锅炉的负荷率对锅炉的运行效率影响较大，所以，根据现行行业标准《严寒和寒冷地区居住建筑节能设计标准》JGJ 26 的有关规定，本标准规定燃煤锅炉的日平均运行负荷应不小于 60%。这里特别提出日平均运行负荷率的概念主要是便于操作。由于燃油和燃气锅炉的负荷特性好，当负荷率在 30%以上时，锅炉效率可接近额定效率，所以，本标准规定燃油和燃气锅炉的瞬时运行负荷率应不小于 30%。关于锅炉日累计运行时数的规定，也是出于控制锅炉运行效率的考虑。因为锅炉运行效率不仅和负荷率有关，而且还和连续运行时数有关。当日供热量相同的条件下，运行时数长的锅炉，其日平均运行效率高于运行时数短的锅炉，所以，为统一检测条件，本标准规定锅炉日累计运行时数不应少于 10 h。

    3   因为采暖锅炉房的给煤系统随锅炉房的规模大小而异，且在一个采暖期煤场的进煤批数往往不止一次，所以在本条的规定中，仅规定"耗煤量应按批计量"，而对采用的计量方式和计量仪表的种类并未作具体规定。"按批"的意思是要求每批煤的燃用量应分开计量和统计，不能混计在一起。这样规定是为了更准确地计算燃用煤的热值。燃油和燃气锅炉的耗油量和耗气量可以通过专用的计量仪表进行计量。

    4   为了防止在检测期间，当每批煤煤质之间存在较大差异时可能导致的粗大误差，本标准规定煤样应用基低位发热值的化验批数应与采暖锅炉房进煤批次相一致。燃油和燃气的低位发热值也应根据需要进行取样化验，以保证取得准确的数据。

7.7.2 本条规定了锅炉运行效率检测的合格指标与判定方法：

    1   采暖锅炉日平均运行效率直接涉及采暖耗煤的节省，由于长期以来，对采暖锅炉运行管理工作重视不够，所以，导致技术投入和资金投入严重不足，司炉工"看天烧火"的现象仍然存在，气候补偿技术尚未得到充分的重视。为了提高采暖锅炉的运行管理水平，本标准规定对采暖锅炉运行效率进行检测。

采暖锅炉运行效率采用日平均运行效率进行判定，这样规定的目的主要是使本标准具有较强的可操作性。

本标准按不同锅炉类型、燃料种类、额定出力和燃料发热值分别给出了锅炉最低日平均运行效率。

在燃料确定之后，锅炉的日平均运行效率与运行时数、平均负荷率等因素有关。目前国内企业生产的锅炉的最低设计效率如表3所示。在该表中，容量为 4.2 MW 且燃烧 II 等烟煤的锅炉的最低设计效率为 74%，将 0.89（=66/74）这一比率推而广之得到不同容量的燃煤锅炉的最低日平均运行效率如本标准第 7.7.2 条中表 7.7.2 所示。对于燃油燃气锅炉，由于其负荷调节能力强，在负荷率 30% 以上时，锅炉效率可接近额定效率，所以，本标准取燃油燃气锅炉最低设计效率的 90% 作为其最低日平均运行效率的限定值。

表3　锅炉最低设计效率（%）

锅炉类型、燃料种类		锅炉额定容量（MW）						
		0.7	1.4	2.8	4.2	7.0	14.0	≥28.0
燃煤/烟煤	I	—	—	73	74	78	79	80
	II	—	—	74	76	78	80	82
燃油、燃气		86	87	87	88	89	90	90

2　锅炉运行效率对建筑能耗的影响至关重要，而且，20余年建筑节能工作的实践表明：采暖系统运行管理是薄弱环节之一，为了尽快提高采暖锅炉的运行管理水平，本标准规定当检测结果不满足本标准第 7.7.2 条规定时，即判为不合格。

7.8 补水率检测

7.8.1 本条规定了补水率检测的基本方法：

1 当采暖系统尚处于试运行时，由于整个系统内部的空气尚未全部排尽，所以会出现人为排气泄水的现象，然而这部分非正常泄水不属于正常运行补水量，所以，本标准规定应在采暖系统正常运行的基础上进行补水率的检测。

2 检测持续时间为整个采暖期，有利于较全面地评价采暖系统补水率的大小。

3 在建筑节能实际检测过程中，不必要也不可能所有的检测仪表均属检测单位所有。为了保证检测数据的正确和有效，专业检测人员只要保证使用仪器仪表的方法正确且仪器仪表的不确定度满足本标准的规定即可。在对补水量进行检测时，完全可以使用系统中固有的水表进行检测，但若该水表没有符合本标准要求的有效标定证书的话，则在使用前必须进行标定。

7.8.2 本标准认为继续实行对采暖供热系统补水率的检测不仅是大势所趋，而且从我国目前采暖供热系统运行管理水平来看既是十分必要的，也是可行的。有关实践证明：只要采暖供热系统施工质量和运行管理水平切实得到提高，将补水率控制在 0.5%的范围内是可行的。

7.9 风机单位风量耗功率检测

7.9.2 现行国家标准《公共建筑节能设计标准》GB 50189 第 5.3.26 条规定：风机单位风量功耗率限值如表 4 所示。

表 4 风机单位风量耗功率限值[W/（m³/h）]

系统形式	办公建筑		商业、旅馆建筑	
	粗效过滤	粗、中效过滤	粗效过滤	粗、中效过滤
两管制定风量系统	0.42	0.48	0.46	0.52
四管制定风量系统	0.47	0.53	0.51	0.58
两管制变风量系统	0.58	0.64	0.62	0.68
四管制变风量系统	0.63	0.69	0.67	0.74
普通机械通风系统	0.32			

注：**1** 普通机械通风系统中不包括厨房等需要特定过滤装置的房间的通风系统；

2 严寒地区增设预热盘管时，单位风量耗功率可增加 0.035[W/（m³/h）]；

3 当空气调节机组内采用湿膜加湿方法时，单位风量耗功率可增加 0.053[W/（m³/h）]。

7.11 定风量系统平衡度检测

7.11.1 由于变风量系统风平衡调试方法的特殊性，该方法不适用于变风量系统平衡度检测。

7.12 室外管网水力平衡度检测

7.12.1 本条规定了室外管网水力平衡度检测的基本方法：

1 在实施水力平衡度检测时，采暖系统必须处于正常运行状态，这样，才有利于增加检测结果的可信度，否则，当系统中存在管堵、存气、泄水现象时，检测结果就很难反映系统的真实状态。

2　由于本标准仅涉及室外采暖管网水力平衡度的检测，而室内采暖系统的水力平衡与否不在本标准的范围之内，所以，宜以建筑物热力入口为限。

本标准根据各个热力入口距热源中心距离的远近，采用近、中、远端热力入口抽样检测的方法。这样一方面可以将检测工作量控制在适度的水平，又可以对该室外采暖管网的水力平衡度进行基本评估，所以，具有可操作性。此外，对受检热力入口的管径进行了限制，一方面因为当管径小于 DN40 时，即使由于资用压差过剩，管中流速增高，然后管中流量的增加量对整个系统的流量影响有限；另一方面采用小于 DN40 的管径作为热力入口引入管的案例不多。

水力平衡度检测期间，采暖系统总循环水量应维持恒定且为设计值的 100%～110%。这样规定的目的在于力求遏制"大马拉小车"运行模式的继续存在。为了全面推广平衡采暖，提高我国采暖系统的运行管理水平，本条做了如是规定。

就一般而言，将流量计量装置安装在热力入口处是最理想的，首先它是室外作业，不影响室内居住者的正常生活和工作，其次是没有分支管，只需检测一处便可以得出该热力入口的总流量。当热力入口处未因热计量事先安装固定流量装置时，均采用便携式超声波流量计进行流量检测。在实际操作中，当热力入口没有条件时，可以根据采暖系统图在室内寻找其他位置。为了保证流量计量装置检测数据的准确，产品说明书中对直管段的长度做了具体规定，但对便携式超声波流量计而言，只要现场的条件基本满足要求，流量计通过自检后能正常工作即可，不必过分拘泥。

检测持续时间规定为 10 min，主要是考虑采用便携式超声波流量计进行检测的情况。因为在 10 min 检测时间内，可以采用打印时间间隔为 1 min，可得到共计 10 个连续数据，以此作为计算的基础。当然，如果因为热计量的缘故，在每个热力入口均安装有固定热量表的话，可通过该热量表来读取某相同时间段的累计流量，进而将这些数据应用于各个热力入口水力平衡度的计算中。

7.13 室外管网热损失率检测

7.13.1 本条规定了室外管网热损失率检测的基本方法。

    1 一般来说，在采暖系统初始运行时，因为采暖系统以及土壤本身均有一个吸热蓄热的过程，所以，若在此期间实施室外管网热损失率的检测，便会给出不真实的结果。因此，本标准给出了在采暖系统正常运行 120 h 后才进行检测的规定，检测持续时间不应少于 72 h，当然可以延长检测持续时间至整个采暖期。

    2 现在所有采暖系统均是实际连续采暖，系统循环泵全天连续运行，热源的出口温度随着室外温度的变化而相应进行调整。对于燃煤锅炉，一般中午采用压火的方式控制供水温度，而对于燃油和燃气锅炉，由于油价和气价的昂贵，再加上燃油和燃气炉点火容易，所以，常采用调节燃料量或间歇停炉的方式调温。经过对有关锅炉运行的水温监测，发现无论是哪种燃料的采暖锅炉在实际运行中，在采暖期大多数情况下一般在 8:00 ~ 15:00 期间处于几乎停止加热状态，而仅保持循环水泵的运行，其他时段靠保证回水温度在某个范围内的方法来调节燃料量。2003 年 2 月 20 日至 3 月 1 日，国家建筑工程质量监督检验中心对北京某采暖系统中有关热力入口的供回水温度进行了连续监测，结果发现供水温度为（56 ~ 22）°C，变化幅度为 34℃；该中心 2005 年 12 月 25 日至 2006 年 1 月 15 日对保定市某采暖系统有关热力入口的供水温度亦进行了连续监测，检测得到的供水温度为（60～34）℃，变化幅度为 26℃。尽管监测的采暖系统的数量有限，但落叶知秋，由此可以推知我国其他采暖锅炉的大致运行情况。为了兼顾采暖锅炉和热泵系统的运行实际，所以，本标准做出了检测期间热源供水温度的逐时值不低于 35℃ 的规定。

7.13.2 针对我国运行管理水平的现状和我国节能形势的迫切要求，本标准规定室外管网热输入效率不得小于 90%，也即室外管网热损失率不应大于 10%。

7.14 耗电输热比检测

7.14.1 本条规定了耗电输热比检测的基本方法。

2 这个规定的外延即采暖热源的铭牌参数应能满足设计要求，循环水泵要具备原设计所要求的流量和扬程。由于水泵出力仅仅满足部分供热负荷的条件时，按照本标准的规定计算所得到的耗电输热比仍然有合格的可能，所以，为了杜绝此类情况的发生，本标准要求检测前对水泵的铭牌参数进行校核。

3 从理论上讲，在采暖系统供热负荷率为 100% 时进行耗电输热比的检测最能体现采暖系统在设计工况下的性能，但如果那样的话，检测标准因可操作性差将会失去存在的意义。经过相关调查及研究表明，50% 的负荷率具有可操作性，且当热源的供热负荷率达到 50% 时，系统的流量调节量和温差调整量均偏离设计值不大，因此，选定 50% 的负荷率作为耗电输热比检测的条件之一。

4 本标准对 4 种循环水泵的配备形式进行了规定。在采暖系统循环水泵的配备上，一般有本标准列举的 4 种方式，即变频制、多泵并联制、大小泵制和一用一备制。变频制水泵通过调节水泵电机的输入频率来跟踪系统阻力的变化，为采暖供热系统提供恒定的资用压头。这种系统由于采用了变频技术，使得耗电输热比较低。多泵并联制系统根据室外气温的变化，依次增加或减少水泵的台数。例如，严寒期启动两台泵，初寒期和末寒期启动一台泵，这样可以实现阶段量调节，再结合质调节便可以适应全采暖期负荷的变化。但这种运行方式下，当并联的水泵台数超过 3 台时，并联的效率降低显著。大小泵制也是一种行之有效的方式，严寒期使用大泵，初寒和末寒期使用小泵，小泵的流量为大泵的 75%左右，扬程为大泵的 60%左右，轴功率为大泵的 45%左右。这种方式将负荷调节和设备的安全备用合二为一考虑，不失为一种智慧之举。一用一备制系统节能效果最差，但仍然有不少的系统在使用之中，因为它的安全余量大。但不管对何种系统，本标准建议水泵能在设计运行状态下进行检测，这样，系统的耗电输热比最大，也只有在这种状态下，才能鉴别系统的优劣。

  5 因为 24 h 属于一个完整的时间周期，所以，规定不应少于 24 h。

  7 在本条中，需要注意的是 $\sum Q$，它是采暖热源的设计日供热量，它等于建筑物的设计日热负荷和室外管网的设计日热损失之和，而不是指热源的额定出力。

7.14.2 耗电输热比是对采暖系统的设计、施工和水泵产品质量的综合检测，它和采暖系统设计耗电输热比形式一致，但内容上有区别。设计耗电输热比是以水泵的样本数据为依据，而本标准中的耗电输热比则是以水泵的实际耗电量和系统的实际可能供热能力为依据。耗电输热比限值是根据 1983～1984 年《民用建筑节能设计标准（采暖居住建筑部分）》JGJ 26 原编制组对北京 4 个试验小区的能耗检测数据，并在充分考虑 20

多年来我国采暖系统用水泵开发生产业绩的基础上提出来的。本标准中提出的限值和《民用建筑节能设计标准（采暖居住建筑部分）》JGJ 26—95 提出的有关设计耗电输热比的限值均出自 1983～1984 年《民用建筑节能设计标准（采暖居住建筑部分）》JGJ 26 原编制组的试验数据。

　　耗电输热比和瞬时耗电输热比是不同的。瞬时耗电输热比是系统在运行过程中的瞬时值，对于某采暖系统中某种水泵运行制度而言，瞬时耗电输热比是不断变化的，也就是说它的值是随供热负荷率的变化而变化的。为了使该评价指标不因检测时间的变化而改变，所以，本标准规定了"耗电输热比"的计算方法。

7.15　地源热泵能效检测

7.15.1　本方法的基本指导思想是，将地源热泵系统作为本标准第 7.2 节所指冷水（热泵）机组的特例考虑，其检测理论一致。仅仅在水源温度和流量方面体现了与常规冷水（热泵）机组的不同。因此，其检测仪表、检测技术路线、检测过程与前述本标准第 7.2 节一致。作为对比，常规供冷（热）源的一次能源消耗量 W_1 可采用换算方式获得。具体换算方法为，根据同地区气象参数，确定冷却水进水温度（由当地计算湿球温度加 2 ℃），按照供回水温差 5 ℃，根据同规模同型号机组的性能曲线（厂家提供），确定冷水机组能耗。

　　由于常规水系统与地源热泵水系统仅在冷却水部分不同，能耗一般占总能耗比例为 5%～10%，且二者阻力相差不大，故这部分的差异由本标准第 7.5 节水泵能耗直接反映。这里，一次能源节能率只反映冷（热）源性能。

7.16 太阳能热水系统节能检测

7.16.1 现有太阳能热水系统一般设有补充热源，且采用锅炉方式，因此可采用本方法。其基本指导思想是，将太阳能热水系统作为低能耗锅炉。检测只涉及太阳能集热量与补充热源能源消耗。W_1 等于太阳能集热量对应的锅炉能源消耗（即计入锅炉效率，锅炉效率测试方法见本标准第 7.7 节）加补充热源能源消耗量；W_{s1} 等于补充热源能源消耗量。

8 节能性能综合评估

8.1 一般规定

8.1.1 由于补水率测试周期为整个采暖期，评估项目可不考虑此项是否达标。

8.1.2 计算软件的算法应符合国家现行建筑节能设计标准的规定，且通过国家行政主管部门认可，并应包含以下功能：

    1 建筑几何建模和能耗计算参数的输入与设置；

    2 逐时的建筑使用时间表的设置与修改；

    3 全年逐时冷、热负荷计算；

    4 全年 8760 h 的供暖、空调能耗计算；

    5 所有案例的建模与计算方法应一致。

8.1.3 评估建筑全年耗能量计算所需数据应优先采用现场检测数据，不能检测时可采用工程复检资料。在非透明围护结构传热系数计算中，其保温材料的导热系数以施工进场见证取样检测报告为准；如检测报告中的导热系数检测值与规范取值偏差大于 ±10% 或无见证取样检测报告时，应现场抽样检测非透明围护结构构件传热系数。

外墙保温材料的厚度应按现场钻芯检验的厚度和施工验收时厚度的平均值确定。当差异较大时，应现场抽样检测，并以检测数据为准。屋面及楼地面、楼梯间隔墙、地下室外墙、不供暖地下室上部顶板保温材料的厚度应以施工验收时的平均厚度为准。如有必要，可现场抽样检测，并以检测数据为准。

外门窗的保温性能在检测值与规范取值偏差大于 ±10% 或无见证取样检测报告时，应现场取样检测或理论计算窗的保温

94

性能。理论计算时必须现场量测窗的尺寸，并现场抽取具有代表性的型材，检查其型材节点大样是否与设计一致，抽取玻璃进行玻璃的光学性能检测，并根据检查、检测情况理论计算窗的保温性能。

锅炉运行效率、耗电输热比、冷水（热泵）机组实际性能系数、冷/热源系统能效系数应按现场检测结果，并根据现行国家标准《公共建筑节能设计标准》GB 50189 的规定计算，检测结果根据典型气象年条件下全年运行工况修正确定，修正方法为：

1 评估建筑应进行全年动态负荷计算，计算出负荷率分别在 0～25%，25%～50%，50%～75%，75%～100%区间的累计空调负荷（kW·h）。

2 计算在现场测试条件下，系统空调负荷率所处的区间。

3 将各设备的能效现场检测结果（对应系统空调负荷率所处的区间）与依据法定检测单位检测的各设备在对应系统空调负荷率所处区间的相应能效曲线进行换算，计算出各设备在0%～25%，25%～50%，50%～75%，75%～100%区间负荷率下的能效。

4 设备综合能效 $= B_1 \times A_1 + B_2 \times A_2 + B_3 \times A_3 + B_4 \times A_4$

式中　B_1——负荷率在 75%～100%时的时间百分比；

　　　B_2——负荷率在 50%～75%时的时间百分比；

　　　B_3——负荷率在 25%～50%时的时间百分比；

　　　B_4——负荷率在 0～25%时的时间百分比；

　　　A_1——100%负荷时设备的能效；

　　　A_2——75%负荷时设备的能效；

　　　A_3——50%负荷时设备的能效；

　　　A_4——25%负荷时设备的能效。

8.2 评估方法

8.2.1 参照建筑为对围护结构热工性能进行权衡判断时，作为计算全年采暖和空气调节能耗用的假想建筑。计算评估建筑的全年单位建筑面积供暖空调能耗量时，其计算条件应符合本标准第 8.2.2 条的规定；计算参照建筑的全年单位建筑面积供暖空调系统耗能量时，其计算条件应符合本标准第 8.2.3 条的规定。能耗模拟计算应采用典型气象年数据，计算中不考虑电梯、生活热水等设备及照明的运行能耗。

附录 A 围护结构节能检测抽样方法

　　围护结构热工性能检测的抽样方案不仅应保证抽样检测的结果能正确反映检测对象的节能保温性能，还应简单易行。对于住宅建筑，具有不同的节能保温措施和不同结构体系的房屋应作为不同的检测批；不同的施工单位施工水平不一样，不同施工单位完成的项目应作为不同的检测批。

　　本标准规定以层作为检测单元。每一独立结构层具有完整的各朝向的围护结构，形成一个独立的能量交换系统。将层作为检测单元相对减少了抽样总体中单元划分的个数。表 A.0.2 的制定是为了保证节能检测评估具有代表性和可操作性。